国家自然科学基金项目 41872079

广西壮族自治区地质矿产勘查开发局部门前期工作项目

联合资助

桂东南十万大山盆地地质特征
与铀成矿作用

徐争启　王　勇　程发贵　唐纯勇　著

科 学 出 版 社

北　京

内 容 简 介

本书在阐述广西东南部区域地质背景基础上，全面分析十万大山盆地的结构特征、盆地的沉积相及演化特征、铀储层的地质特征；在此基础上，深入研究十万大山盆地盆山耦合与铀成矿作用的关系，重点研究十万大山盆地典型矿床——屯林矿床的地质、地球化学特征、控矿因素，探讨矿床成因；最后总结十万大山盆地的铀矿类型及成因模式，划分成矿远景区。本书为南方砂岩型铀矿成矿规律认识的提升及十万大山盆地铀矿勘查提供科学依据。

本书可供铀矿地质找矿人员参考，也可供铀矿地质专业学生学习参考。

图书在版编目(CIP)数据

桂东南十万大山盆地地质特征与铀成矿作用 / 徐争启等著. —北京：科学出版社，2019.11

ISBN 978-7-03-061906-8

Ⅰ. ①桂… Ⅱ. ①徐… Ⅲ. ①构造盆地－地质构造－研究－广西 ②盆地－铀矿床－成矿作用－研究－广西 Ⅳ. ①P548.267 ②P619.140.1

中国版本图书馆 CIP 数据核字（2019）第 147067 号

责任编辑：罗　莉 / 责任校对：彭　映
责任印制：罗　科 / 封面设计：墨创文化

科 学 出 版 社 出版
北京东黄城根北街 16 号
邮政编码：100717
http://www.sciencep.com

四川煤田地质制图印刷厂 印刷
科学出版社发行　各地新华书店经销

*

2019 年 11 月第　一　版　　开本：787×1092　1/16
2019 年 11 月第一次印刷　　印张：11
字数：271 千字
定价：149.00 元
（如有印装质量问题，我社负责调换）

前　言

十万大山盆地位于广西南部扬子陆块与华夏陆块拼接位置的西南端，是具有"大盆套小盆"特征的陆相沉积盆地，也是我国南方重要的产铀盆地。十万大山盆地是中新生代盆地，其中中生代地层发育齐全、厚度大、分布广。铀矿化在侏罗系各组中均有发现，特别是屯林铀矿床的发现，曾引起国内外有关人士的关注，并先后有国外专家、学者以及国内同行前来参观考察，其中广西305核地质大队和北京铀矿地质研究所（现核工业北京地质研究院）等科研单位先后多次到矿区进行专题研究。这些都促进了盆地地质工作进展，并取得了较好的成果。但从十万大山盆地形成演化、沉积学特征、铀成矿作用方面进行的研究较为分散，缺乏系统性成果总结。在国家自然科学基金项目"康滇地轴粗粒晶质铀矿标型特征及形成机理"（41872079）和广西壮族自治区地质矿产勘查开发局部门前期工作项目"桂南十万大山盆地东南缘铀成矿条件及潜力分析"的资助下，由成都理工大学和广西305核地质大队共同承担完成了桂东南十万大山盆地地质特征及铀成矿作用的研究。全面搜集并系统分析该区地质、物探、化探、遥感及铀矿资源勘查评价所取得的成果、资料，以典型铀矿床（点）研究为重点，与北方典型砂岩型铀矿盆地进行对比，结合区域分析与典型矿床研究，深入研究区内铀矿成矿地质背景、成矿条件和成矿规律，揭示盆山耦合与铀成矿作用的关系，确定区域铀矿评价的主攻矿床类型及找矿方向。在此基础上，圈定有利找矿远景区，对研究区的铀矿资源潜力进行评价。

本书是对项目成果的系统总结和提炼，为该区的铀成矿规律探索及今后十万大山盆地的铀矿勘查提供依据。本书由项目组成员分工合作完成，徐争启负责统筹思路及提纲，并撰写前言、第1章、第3章、第9章，王勇、徐争启撰写第4章、第5章，徐争启、王勇撰写第6章，徐争启、程发贵、唐纯勇撰写第2章、第7章、第8章。全书由徐争启统稿。刘瑶、赵晶、汪刚、鲍官桂、张谦等硕士研究生参与了部分工作。本书撰写过程中得到了广西地质矿产勘查开发局战明国副局长、梁军处长、孙如良教授、罗寿文教授、陆齐璞处长、胡宁副处长等的大力支持与帮助，得到了广西305核地质大队颜秋连教授级高工的悉心指导，得到了成都理工大学张成江教授的关心和指导。在项目实施过程中得到了国家自然科学基金委、广西地质矿产勘查开发局核地质处、广西305核地质大队、成都理工大学科技处有关领导的大力支持。成都理工大学许多研究生及本科生、广西305核地质大队多位工程师参与项目研究工作。在专著的撰写过程中引用了大量前人的研究资料，在此一并表示感谢。

由于水平有限，本书仍有许多不足之处，敬请各位读者批评指正。

目　　录

第1章 绪 论

1.1 研究区概况

十万大山盆地位于广西壮族自治区西南端，盆地坐标为东经 106°45′~109°30′，北纬 21°35′~23°00′，总面积约为 2 万 km²，在我国境内约有 1.1 万 km²（另一半在越南，称为江州盆地）。盆地地形呈不规则的长条状，呈北东 50°方向展布。

本书研究区域以十万大山盆地中北部为主，兼顾西南部。重点工作区为屯林铀矿床（375 矿床）矿区及外围大廖至六华一带，主要隶属广西壮族自治区钦州市钦北区新棠镇和南宁市良庆区南晓镇。

研究区地处桂南十万大山盆地东南缘，地形属低山丘陵，主要山脉呈北东向展布，相对高差不大，海拔为 40~434.5m。山上植被发育，主要为各种灌木、乔木（松树为主）等。

研究区经济以农业为主，粮食作物主要为水稻，其次为玉米、豆类；经济作物有菠萝、香蕉、荔枝、柑橙、甘蔗及花生、薯类。

研究区靠近北部湾，属亚热带海洋性气候。雨量充沛，年平均降水量约为 1263mm，每年的 4~8 月为雨季；气温一般为 20~35℃，最高为 38℃，最低为 0℃，年平均气温为 22.5℃。

研究区交通方便，有公路相通，南（宁）防（城港）铁路、南（宁）北（海）、崇左到钦州高速公路从研究区通过（图 1-1）。

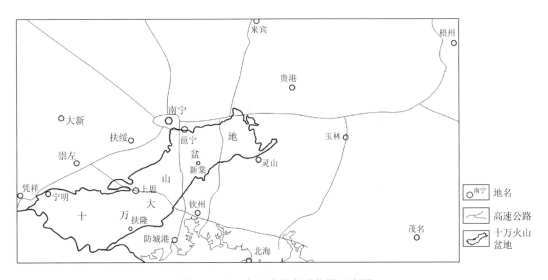

图 1-1 十万大山盆地交通位置示意图

1.2 砂岩型铀矿概况及研究意义

1.2.1 砂岩型铀矿概况

砂岩型铀矿是以砂岩、砂泥岩及砂砾岩为赋矿主岩的一类铀矿类型。该类型铀矿床主要分布在俄罗斯、中亚、美国以及中国等地。20 世纪 60 年代，苏联成功地开发了地浸采铀技术，使得砂岩型铀资源（可地浸）一跃成为几大铀矿类型中分量最重、最具经济价值的铀资源之一，并且在以后的铀资源市场上分量越来越大，成为铀的主要来源。

砂岩型铀矿床有多种分类。国际原子能机构（International Atomic Energy Agency, IAEA）的世界铀矿床指南（2000 年版），把砂岩型铀矿床分为卷状、板状、底河道和前寒武纪砂岩四个亚类。Dahlkamp（1993）则把砂岩型铀矿分为板状/准整合、卷状和构造-岩性三个亚类。俄罗斯对砂岩型铀矿床的分类多建立在矿床成因的基础上，如马什科夫采夫于 1997 年把砂岩型铀矿床分为同生、后生两类。在李巨初等（2011）编著的《铀矿地质与勘查简明教程》一书中，充分考虑国内外分类方案，将砂岩型铀矿床分为层间氧化带砂岩型（卷状）铀矿、潜水氧化带及复成因砂岩型（板状）铀矿、古河谷型砂岩铀矿和热水改造砂岩型铀矿 4 个亚类。在全国铀资源潜力评价中，刘武生等（2012）将砂岩型铀矿划分为四类 12 种矿床式（表 1-1）。

表 1-1 中国砂岩型铀矿分类表（刘武生等，2012）

类别	大类	亚类		矿床式	铀矿床实例
砂岩型（广义）	层间氧化带型	层间氧化带型		库捷尔太式	库捷尔太、扎基斯坦、十红滩
		潜水-层间氧化带型（古河道型）		白音乌拉式	白音乌拉、赛汉高毕、塔木素、山市
	潜水氧化带型	上部潜水下部层间氧化带型（含铀煤型）		蒙其古尔式	蒙其古尔、达拉地、苏克-苏克、大庆沟、阿拉沟、店家沟
		潜水氧化带型		红沟窑式	红沟窑、沙枣泉、毛盖图
	沉积成岩型	粉砂岩、泥岩型		努和廷式	努和廷、测老庙505、大红山、喜集水
		细砂岩型		汪家冲式	汪家冲、花台寺、松溪、毛坝、范家山、麻布岗、屯林、盐沙口
	复成因型	与油气有关	油气渗出型	巴什布拉克式	巴什布拉克
			渗入-渗出型	钱家店式	钱家店
			先渗入后渗出型	皂火壕式	皂火壕、呼斯梁、店头
		与构造有关	先成矿后变形型	萨瓦布其式	萨瓦布其、国家湾
			先变形后成矿型	磁窑堡式	磁窑堡
		热液叠加改造型		城子山式	城子山、岩子头、大寨、谷山岭

在国外，砂岩型铀矿开采历史较早，砂岩型铀矿真正的研究工作始于 1948 年在美国科罗拉多高原圣胡安盆地西南缘发现的安布罗吉亚湖砂岩铀矿床。美国和苏联在 20 世纪 50～70 年代陆续在沉积盆地中发现了一系列砂岩型铀矿床。世界范围内，绝大多数的砂岩型铀矿赋存于陆相河湖相或滨海相等沉积地层中（Dahlkamp，1993；陈祖伊等，2010；王飞飞等，2017），通常产出于中新生代陆相沉积盆地（金若时等，2014；聂逢君等，2015；蔡煜琦等，2015）。到目前为止，中亚地区已成为砂岩型铀矿富集区。苏联学者叶夫斯特拉金认为，绝大多数（90%以上）的铀矿床（包括砂岩型铀矿在内）都直接或间接与前寒武纪的陆壳有联系（柳益群等，2006）。英国学者鲍威在《铀矿床的产出和分布型式》一文中指出，世界上 90%以上的重要铀矿床要么产在前寒武纪岩石中，要么产在直接覆盖于其上的显生宙岩石中，大多数砂岩型铀矿床属于后者（Bowie，1979）。苏联学者舒瓦洛夫于 1980 年强调，中间地块（即被夹持在年轻褶皱系中的前寒武纪地块）对铀矿的定位起重要控制作用（陈祖伊，2002）。美国总结其三大砂岩型铀矿产区特点，得出铀矿形成主要集中在古老的北美克拉通边缘中新生代盆地，其特征是盆地的边缘具富铀隆起（含富铀花岗岩及火山岩），盆地矿床的定位受含矿建造有利岩性岩相、地球化学和后生改造期地下水及层间氧化带控制。中亚地区在其数十年的勘查和研究中，逐渐形成了"次造山带控矿"的理论。矿床的形成与受喜马拉雅运动影响、由走滑断裂控制而伸入到年轻的土伦地块的次造山带密切相关（吴柏林，2005）。

另外，20 世纪 70 年代以来小比例尺系列编图及成矿预测先进技术的应用，取得了明显的成果。此外，俄罗斯在古河道型砂岩铀矿的勘探中相继发现了"外乌拉尔式""外贝加尔式"古河道型砂岩型铀矿，并建立了古河道型砂岩铀矿的成矿理论与找矿技术方法体系（宋继叶，2014）。

我国砂岩型铀矿找矿工作早在 20 世纪 50 年代就已经开始，到 80 年代发现了一些铀矿床，总体上经历了 20 世纪 60～70 年代的兴盛、80 年代中晚期的收缩转型和 21 世纪初至今的快速发展阶段。20 世纪 90 年代后，我国对砂岩型铀矿开始了大规模的勘查和开发，先后在伊犁盆地、吐哈盆地、鄂尔多斯盆地和松辽盆地发现了多个砂岩型铀矿床（王保群，2000；李保侠和李占双，2003；张金带等，2010；陈祖伊等，2010；金若时等，2014；蔡煜琦等，2015；王飞飞等，2017）。通过这些地区典型砂岩型铀矿床的研究，总结了砂岩型铀矿成矿规律和成矿作用，建立了我国陆相盆地层间氧化带型砂岩铀矿的成矿模式和找矿标志（陈戴生等，1996，1997，2006；杨殿忠等，2003；黄净白和李胜祥，2007）。但在铀矿成矿理论研究和找矿方法上未取得突破，多数学者仍然沿用苏联的层间渗入成矿理论，部分学者引入低温成矿作用理论，研究砂岩型铀矿流体作用（王果等，2000）。近年来，随着"煤铀兼探"思路的发展，砂岩型铀矿勘查取得重大突破（程利伟，2012；金若时等，2014）。

权志高和徐高中（2012）总结了我国西北部砂岩型铀矿的产出特征，得出我国产铀盆地中 56%为板缘造山带构造，可能由于该构造带构造热液和火山活动较强烈，易形成富铀基底。其次为板内陆台型（36%）和板缘过渡带型（8%）。对盆地沉积建造选择性也较明显，原始沉积为一套温室气候条件下的灰色层。

张金带（2014）对我国北部 6 种砂岩型铀矿成矿区域特征分析得出：伊犁盆地在中晚

三叠世—早侏罗世缓慢拉张伸展构造环境下，控制了铀初始聚集。晚侏罗世—古近纪，盆地整体上隆和南北向挤压形成了良好的流体运移通道。吐哈式砂岩型铀矿的产铀建造受多期次构造活动的控制，山间盆地发展的 3 个沉积间断期（K_2、E_3-N_1、N_2-Q）是层间氧化带型铀成矿的主要时期。东胜式砂岩型铀矿受古层间氧化带直接控制，从直罗组沉积开始一直到下白垩统，在构造运动作用下，含氧含铀水沿河道砂体长期稳定地运移，在古层间氧化带的尖灭部位形成铀矿体。

总之，随着我国对砂岩型铀矿研究的持续投入及"油铀兼探""煤铀兼探"战略的实施，我国砂岩型铀矿无论从成矿理论还是找矿成果方面均取得了长足的进步，为国家的能源及国防安全做出了重要贡献。

1.2.2　研究意义

铀资源是重要的战略资源和能源资源。我国铀资源相对短缺，不能满足国内发展需求。当前，随着我国核电的迅速发展，对铀资源的需求不断增加，但目前我国铀资源供应趋紧。因此，加强我国铀矿资源勘查和开发，对保障和加速我国的核军工业及核电事业的发展非常重要。随着我国对砂岩型铀矿研究投入的增加，砂岩型铀矿研究不断取得新的突破，资源量显著增加。据统计，截至 2017 年底，砂岩型铀矿储量约占我国铀矿总储量的 45.51%左右，居四大类型铀矿储量的第一位（火山岩型为 16.38%、花岗岩型为 21.84%、碳硅泥岩型为 8.14%）。我国现今发现的一系列重要的大型砂岩型铀矿床和矿化点主要集中在北方中新生代含铀盆地（李巨初等，2011；张金带，2014）。据全国铀资源潜力评价项目研究认为，全国产铀盆地有 22 个［伊犁盆地、准噶尔盆地、塔里木盆地、吐哈盆地、库米什盆地、柴达木盆地、巴丹吉林-巴音戈壁盆地、潮水-雅布赖盆地、走廊盆地（盆地群）、鄂尔多斯盆地、二连盆地、海拉尔盆地、松辽盆地、敦密盆地（盆地群）、四川盆地、衡阳盆地、麻布岗盆地、金鸡-容县盆地、十万大山盆地、临沧盆地（盆地群）、腾冲盆地（盆地群）、雷鸣盆地］，其中北方有 14 个，如伊犁盆地、吐哈盆地、鄂尔多斯盆地、二连盆地和松辽盆地等；南方的产铀盆地较少，主要有腾冲盆地、十万大山盆地、衡阳盆地、四川盆地等 8 个（徐志刚等，2008；刘武生等，2012）。

十万大山盆地位于扬子陆块与华夏陆块拼接位置的西南端，是我国南方重要的中新生代产铀盆地，因其发现的屯林 375 矿床品位高而轰动一时。十万大山盆地是具有"大盆套小盆"特征的陆相沉积盆地。关于该盆地的形成与演化，前人做过许多研究，重点放在基础地质调查和油气地质调查评价方面（郑俊章和陈焕疆，1995；徐汉林等，2001；郭彤楼，2004；梁新权等，2005；孙连浦等，2005；丘元禧和梁新权，2006）。前人对盆地内油气资源做过一定研究（尹福光等，2002；贺训云等，2009）。20 世纪 70 年代末广西石油普查大队做过 1∶20 万石油普查工作，发现了 13 个含煤层以及赤铁矿、板根铜矿、板烂金矿等矿点。1974 年 6 月，广西区测队开展 1∶20 万地质测量时在屯林地区发现了伽马异常，此后，广西 305 核地质大队在屯林地区及盆地进行了多年的普查及勘查工作，认为十万大山盆地是我国已知的铀矿产于侏罗系地层的南方重要产铀盆地，盆地内发现和探明的铀矿化类型也较多。尽管广西 305 核地质大队对屯林地区做过大量勘查，但对整个盆地的铀矿成矿作用研究较少。因此，通过对十万大山盆地铀储层特征及成矿地质特征的研究，同时与北方典型的产铀盆地进行对比，分析十万大山盆地形成砂岩型铀矿的潜力，总结该盆地形成演化与铀成矿的关系，分析十万大山盆地铀成矿前景，为提升砂岩型铀矿成矿理论及指导该区下一步找矿具有重要意义。

基于上述研究意义，本书全面搜集并系统分析该区基础地质及铀矿资源勘查评价所取得的成果、资料，以典型铀矿床（点）研究为重点，与北方典型砂岩型铀矿盆地（伊犁盆地、鄂尔多斯盆地、二连盆地和松辽盆地）进行对比，结合区域分析与典型矿床研究，深入研究十万大山盆地铀矿成矿地质背景、成矿条件和成矿规律，在此基础上，圈定有利找矿远景区，并对工作区的铀矿资源潜力进行评价。

1.3　研究现状及存在问题

1.3.1　以往工作研究程度

十万大山盆地是中新生代盆地，其中中生代地层发育齐全、厚度大、分布广。铀矿化在侏罗系各组中均有发现，特别是屯林铀矿床的发现，曾引起国内外有关人士的关注，并先后有外国专家、学者以及国内同行前来参观考察。北京铀矿地质研究所（现核工业北京地质研究院）也先后多次到矿区进行多个专题研究。这些都促进了盆地地质工作进展，并取得了较好的成果。

1. 以往区域地质工作情况

20 世纪 30 年代初期，张文佑、徐瑞麟在崇左、宁明一带做过调查，将海渊一带红层定为恩乐系；崇左那贞一带红层及火山岩定为白垩系那贞统（那贞流纹岩）。50 年代各部门进行了一些煤、磷矿点检查工作。自 1958 年起在盆地开展油气普查、详查工作，较为系统地做了盆地的地质、地震、重力剖面。早期（1958～1984 年）主要针对中新生代陆相地层开展工作，先后完成了全区 1:100 万航磁、1:50 万重力测量，盆地东部 1:20 万重力普查，1:20 万航磁测量，全盆地 1:20 万石油地质普查工作。1982 年开始，研究目标层转到上古生界和下三叠统海相地层，开展了石油地质详查、1:10 万重力测量，完成了 2318km 模拟地震剖面，并且施工了明 1 井、万参 1 井、定 1 井等钻探工作。1994 年，南方新区油气勘探经理部采用新方法新技术重新处理了以前的地震资料（王英民等，1998）。

20 世纪 70 年代初，广西区域地质测量队完成对盆地的 1:20 万地质测量工作，对盆地的基底构造，盖层的分层、岩相等方面获得了比较系统的认识。近年来，对于盆地的 1:5 万区域地质调查工作基本实现了全覆盖，基础地质工作得到了进一步加强，认识程度得到了进一步提升。

在进行地质调查的同时，广大科研工作者对十万大山盆地进行了较多的研究，分别从盆地地质特征与演化（吴继远，1983；叶伯舟，1989；陈焕疆和郑俊章，1993；丘元禧和夏亮辉，1994；郑俊章和陈焕疆，1995；张岳桥，1999；徐汉林等，2001；张伯友等，2003；郭彤楼，2004；彭松柏等，2004；梁新权等，2005）、盆地及周缘岩浆演化与形成时代（方清浩等，1987；王庆全和王联魁，1990；彭少梅等，1995；邓希光等，2004；彭松柏等，2004，2006）、油气特征与成藏（曾辉，1984；尤绮妹等，1998；王英民等，1998；李载沃，2000；尹福光等，2002；郭彤楼，2004；李国蓉等，2004）等方面进行了深入研究，取得了较多的研究成果。

除此之外，学者也对十万大山盆地做过专题如煤、石膏、重晶石、铅、铜等矿产的调查工作。

2. 铀矿以往地质工作

区域上，十万大山盆地的铀矿地质工作始于1958年，当时由广西第三地质队对整个盆地进行粗略的踏勘式伽马普查和盆地西南部宁明一带的重点伽马普查。随后广西区域地质测量队在1:20万地质测量时顺便对盆地进行了伽马普查。1975年沿盆地南东翼与花岗岩接触线一带10～20km地段进行1:25000～1:10000伽马普查。1976年屯林矿床开始揭露后，对包括屯林在内的东起大廖，西到贵台、果木以及公正、上思、百包、那陈等地进行了伽马普查、地质测量和铀矿地质工作；1977年703航测队对盆地进行了相当于1:25000航空放射性测量。到1985年底，对矿床本身及其相邻近的大廖、那弼坡、那敏、六华等十多个矿点、矿化点在内的地段，不同程度地进行了包括地质、物探、化探、水化在内的普查、详查，以及初步的勘探揭露、取样和研究等工作。

通过上述工作取得了对十万大山盆地铀矿地质较为系统的资料，并大致查明了区域地层、构造、铀矿化特征以及铀矿的工业远景。

屯林铀矿床是广西区域地质测量队1974年6月开展1:20万地质测量时在屯林发现的伽马异常，当时用槽探揭露后认为属裂隙控制的淋积型伽马异常，因而做了否定评价。1975年4～6月广西305核地质大队桂南普查会战时对该异常进行了检查，并确定属于好的异常点带，随即于8月份由广西305核地质大队普查五分队进行初步揭露，于1979年3月提交报告。之后的工作主要是矿床的外围探索，截至1983年底，共投入主要实物工作量包括1:10000地质、伽马测量13.7km^2，1:2000地质、伽马测量9km^2，1:10000水化找矿100多平方千米，1:2000水化找矿20km^2，槽探数千立方米，完工钻孔300多个，钻探工作量达91029.87m。屯林矿床的地质工作暂告一段落。2011～2012年，广西305核地质大队承担有关公司的找矿项目，在该区进行了钻孔施工，共施工4000多米，为本书研究打下了良好基础。

那弼坡矿点一带经广西305核地质大队于1976～1978年进行1:10000地质、伽马测量扫面及水化找矿和1:2000约4.5km^{2}地质、伽马测量、水化找矿，于1983～1984年进行1:1000地质剖面5000m。前后两次工作，对该范围内的浅色主含矿层（砂体）已初步揭露，对该区的地质及矿化特征、矿体的空间分布已基本了解，证明那弼坡的矿层（浅色砂体）与屯林矿床相当，并为其东延部分，且在矿体中夹薄层紫红色泥岩。

3. 以往铀矿地质科研工作

在十万大山盆地东南缘屯林375矿床的勘查过程中，广西305核地质大队、核工业北京地质研究院、成都理工大学等单位科研人员陆续对该矿床以及十万大山盆地进行了十多个专题研究，重点研究了矿床地质特征、铀矿化特征、成矿作用、成因探讨及岩相分析等方面（罗寿文，2006；李树新等，2014；刘新建等，2014；徐争启等，2015），认为屯林 375 矿床铀矿化基本受层位岩性控制，"三角洲相支流口砂坝区相控矿"，铀矿化在空间上与沉积冲刷构造以及褶曲、断裂构造密切相关。铀矿化成矿期多阶段与多期次热水活动有关。铀石的出现，认为是热水作用的标型矿物，说明铀矿床的形成是在中侏罗世沉积后再经多期次含铀热水溶液作用的产物。根据上述研究，该铀矿床主要是在有利的地层岩性加上有利构造和后期热水作用三因素结合地段富集成矿，这也是本区的主要找矿标志。

1.3.2 以往工作中存在的问题

尽管前人在该地区做了大量的勘查工作，同时进行过一些科研工作，但受于当时的条件及认识程度，还存在一些问题。

1. 重点地段铀矿勘查工作深度不够

十万大山盆地范围大，矿化层位多，特别是那荡组出露稳定，地表伽马异常广泛分布，且在屯林矿床外围的诸多矿点、矿化点有的已进行了初步揭露，进行了粗略评价，有的揭露尚不充分，就连屯林矿床本部工程控制密度较高的区段，其深部有些地段也控制不够。因此这些矿（化）点、地段有望扩大。就整个盆地而言，有些地区工作程度较低，如西部凹陷区，甚至有的还是空白区；在矿化层位上，有的还了解不够，特别是火山岩出露区，未做详细工作。因此，通过进一步研究工作，有望扩大十万大山的铀矿地质远景。

2. 关于矿床控矿因素及成因需要进一步研究

前人通过揭露，初步查明了屯林矿床矿体的空间分布及其变化特征，认为矿床赋存于 S 褶曲之中。如果这种认识属实，那么 S 褶曲是何时形成？如何形成？其空间展布状态如何？其与铀矿化的关系如何？是先铀矿化、后褶皱，还是先褶皱、后矿化？

铀矿化产出的沉积环境及沉积相是寻找砂岩型铀矿的重要基础工作，需要进一步分析研究，以便取得更好的认识。

此外，目前发现的铀矿化点，均产于盆地边缘，靠近花岗岩，且断层十分发育，因此铀矿化与岩浆岩及构造的关系如何是需要解决的问题。

3. 十万大山盆地与北方砂岩型铀矿盆地成矿条件有何异同

近年来，北方砂岩型铀矿床勘查与研究均取得了较大的突破，先后在伊犁盆地、二连盆地、鄂尔多斯盆地、松辽盆地等地区取得了重要进展。南方的十万大山盆地面积大，成矿条件较好，且产有铀矿床及多个矿点及矿化点，有良好的找矿潜力，但到目前为止，仍未取得突破。十万大山盆地与北方典型产铀盆地在成矿条件方面有何异同？一直以来没有人进行过对比研究，这是值得重视并急需进行的工作。

4. 十万大山盆地盆山耦合与铀成矿关系研究

盆山耦合是研究盆地形成与演化的不可或缺的研究内容,十万大山盆地铀成矿与盆山耦合的关系不够明确,影响了对盆地铀矿成矿规律的认识。

上述问题的解决是该区铀矿研究的关键,也是勘查靶区选择的基础,对今后该区铀资源量的扩大具有十分重要的意义。

1.4　研究思路及技术路线

1.4.1　研究思路

综合对比分析研究区与北方典型砂岩型铀矿盆地的异同,为十万大山盆地铀矿成矿潜力及铀矿远景区评价提供重要的基础。同时,在系统收集研究区各类地质资料和详细总结前人研究成果的基础上,以现代盆山耦合、流体成矿等理论为指导,通过沉积与层序地层、构造与岩浆演化等研究,开展盆山耦合过程中流体的生成、运移及演化研究;引入铀矿低温地球化学成矿作用和流体成矿理论及研究方法,通过岩石地球化学、流体包裹体地球化学、微量元素地球化学、同位素地球化学等研究,分析成矿流体来源,探讨成矿流体运移演化规律和矿质沉淀富集的机理,分析铀成矿条件,确定找矿方向。

十万大山盆地为群山所环绕,周缘造山带与盆地是密不可分的统一体,造山带的隆升导致盆地的下沉和变形,而隆升剥蚀作用又为盆地提供了大量的物源,盆-山演化对铀成矿起着重要的控制作用。盆地边缘靠近造山带的部位既是不同性质流体交汇、混合、卸载成矿的地球化学界面,也是构造作用反复叠加改造的部位。在区域成矿作用研究中,通过将造山带演化与盆山耦合过程中流体的生成、运移、混合及演化作为整体进行研究,可从更深层次研究铀的成矿作用、成矿过程及空间分布规律,对全面深入地认识大型盆地的铀产出特征和确定找矿方向具有重要意义。

对典型矿床(点)铀成矿作用及铀沉淀富集规律的研究过程中,考虑到铀元素地球化学性质的特殊性决定了铀从流体中沉淀富集成矿的因素很复杂,如流体的温度、压力、pH、Eh 等物理化学条件的改变,流体中铀的配位体的变化,甚至流体流速、流量等水动力条件的变化,都可引起铀的沉淀。导致这些变化的因素也异常复杂,特别是不同流体的混合和构造条件、围岩条件等的突变是引起含铀流体成矿的主要关键因素。因此,研究过程中将铀成矿流体地球化学界面看成是环境变化和流体运移、演化的综合产物,对这一完整体系的研究既不能孤立进行,更不能割裂开来,而是将环境条件与流体演化紧密地结合起来,特别重视流体-环境相互作用的研究。以流体为主线,以地质异常-地球化学异常为突破口,研究含铀流体卸载沉淀、富集成矿的规律。在研究方法上重视用流体地球化学示踪方法追踪地球化学界面的研究。

与北方典型砂岩型铀矿盆地进行对比研究,也是本书的一个重要的研究思路,通过对比研究,找出异同点,对本区铀矿远景区评价、勘查靶区的选择有重要的意义。

1.4.2 技术路线

（1）在系统收集研究区各类地质资料和详细总结前人研究成果的基础上，以现代盆山耦合、流体成矿、沉积学等理论为指导，通过沉积与层序地层、构造与岩浆演化等研究，开展盆山耦合过程中流体的生成、运移及演化研究；引入铀矿低温地球化学作用和流体成矿理论及研究方法，通过地球化学及同位素地球化学等研究，开展成矿流体来源的研究，探讨成矿流体运移演化规律和矿质沉淀富集的机理，分析铀成矿条件，确定找矿方向。

（2）对区内典型矿床（点）进行解剖，研究成矿时代、成矿作用和成矿要素。通过典型矿床的对比研究，总结区域成矿规律，确定区域资源评价的主攻矿床类型并进行潜力分析。

（3）与北方典型产铀盆地进行对比研究，通过将盆地底层、岩性、构造、控矿因素等进行深入对比，结合野外调查及前人资料，进行十万大山盆地东南缘铀成矿条件及潜力评价（图 1-2）。

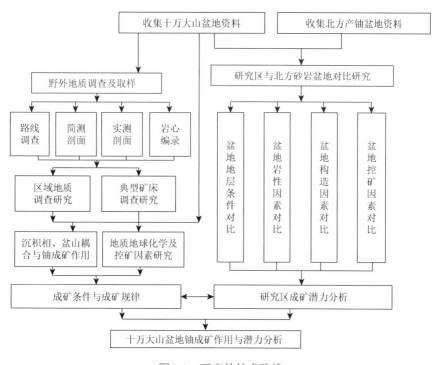

图 1-2 研究的技术路线

1.5 取得的主要成果

（1）研究了十万大山盆地的结构特征。认为十万大山盆地具有"双基底、双盖层"结构特征。

（2）分析研究了盆地的沉积相特征。认为十万大山盆地侏罗系地层主要沉积了一套巨厚的曲流河相及湖相沉积，其中曲流河相沉积可识别出河道沉积、天然堤沉积、洪泛平原及边滩沉积四种微相，湖相沉积可划分为滨湖沉积和浅湖沉积两种亚相。含矿层或异常部位均在河道微相和边滩微相沉积物中的灰色砂岩中，天然堤微相及洪泛平原微相中几乎没有发现矿化现象。

（3）深入研究了十万大山盆地铀储层地质特征。发现铀储层岩石中的主要碎屑组分由石英、长石和岩屑组成，局部含有少量云母和生物碎屑，胶结物主要为碳酸盐、硅质、自生黏土及黄铁矿等。这表明盆地物质来源区可能较多，物质来源复杂，有效孔隙较少。侏罗系砂岩具有在靠近泥岩或含有沥青的河道及边滩沉积物中成矿的特点。

（4）揭示了十万大山盆地盆山耦合与铀成矿作用的关系。研究认为，印支期是十万大山盆地砂岩型铀矿成矿最早的物质来源的形成时期，中酸性岩浆岩的形成对后期铀的来源具有不可替代的作用。燕山期构造运动导致盆地边缘抬升，盆地接受沉积形成富含铀的砂体及砂泥岩互层建造。燕山晚期北西-南东向的挤压作用导致盆地中生代地层褶皱，形成向斜构造，在此过程中，形成了最早的铀矿化。喜马拉雅期，随着新构造运动的加剧，构造性质发生了转化，一系列断裂的发育沟通了深部流体，导致深部流体上移，浸取更多铀到前期成矿部位形成热液叠加砂岩型铀矿。

（5）研究了典型矿床的控矿因素及形成机理。从成矿物质来源、成矿流体来源、构造条件、地层岩性条件、岩相古地理条件、古气候条件、水文地质条件对十万大山盆地铀成矿条件进行了分析，总结了铀成矿规律。

（6）揭示了十万大山盆地铀成矿作用，建立了铀成矿模式。认为十万大山盆地铀矿分为三种类型：热液叠加改造型、层间氧化带型、层间氧化带改造型。屯林375矿床为成岩作用预富集、后生作用成矿、晚期热液叠加改造复合成因砂岩型铀矿床。

（7）分析了铀成矿潜力，并划分出了成矿远景区。分析了十万大山盆地铀成矿要素，并与北方产铀砂岩铀矿比较，认为十万大山盆地具有重要的成矿潜力。根据成矿潜力和铀矿类型及成矿作用划分了三个成矿远景区。

第2章 区域地质背景

2.1 大地构造位置

十万大山盆地位于华南板块之南华活动带右江褶皱系十万大山断陷带（图2-1），处于南华活动带与华夏陆块的接合部，总面积约为2万km²，境内面积约有1.1万km²（西南方向进入越南境内）。盆地呈北东50°方向展布，国内长约240km，宽32～60km，形似S形。

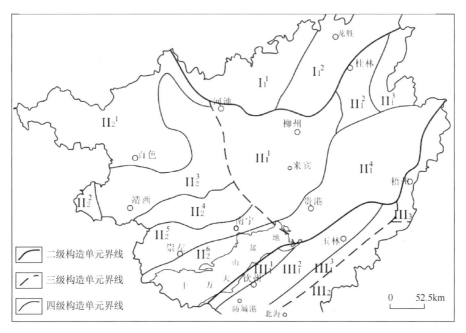

图2-1　十万大山研究区大地构造位置图

（据广西壮族自治区壮族自治区地质矿产勘查开发局，2006）

2.2　区　域　地　层

十万大山盆地为我国中生代内陆向斜红层盆地，出露地层分为基底和盖层。基底主要为古生界的寒武系、奥陶系、志留系、泥盆系、石炭系、二叠系和中生界的下、中三叠统；盖层则为中生界的上三叠统、侏罗系、白垩系和新生界的古近系、第四系（表2-1）。

表 2-1 十万大山盆地及周边地区区域地层表

盆地北部		盆地南部	
地层	岩性	岩性	地层
第四系	残坡积、冲洪积物	残坡积、冲洪积物	第四系
古近系	砂岩、泥岩、含砾砂岩	砂岩、泥岩、含砾砂岩	古近系
白垩系	砂岩、粉砂岩	砂岩、粉砂岩	白垩系
侏罗系	砂岩、粉砂岩、泥岩	砂岩、粉砂岩、泥岩	侏罗系
		海陆交互相砂岩、泥岩、页岩、底砾岩，局部夹煤线	上三叠统
中三叠统	槽盆相碎屑浊积岩及火山岩	主要为一套火山岩	中三叠统
下三叠统	台地相碳酸盐岩夹火山岩及盆地相浊积岩	滨浅海相碎屑岩夹碳酸盐岩、盆地相浊积岩	下三叠统
上二叠统	台地相碳酸盐岩夹含煤地层	滨岸砂岩、砾岩、泥岩	上二叠统
下二叠统	台地相碳酸盐岩局部夹火山岩	碳酸盐岩	下二叠统
石炭系	台地相碳酸盐岩	槽盆相硅质岩、泥质岩	石炭系
泥盆系	上统 台地相碳酸盐岩及盆地相碎屑岩	槽盆相硅质岩、泥质岩	泥盆系 上统
	中统 台地相碳酸盐岩及盆地相碎屑岩	槽盆相硅质岩、泥质岩	中统
	下统 浅海相碎屑岩夹碳酸盐岩	半深海相含笔石碎屑岩	下统
		半深海相含笔石硅质岩、页岩	志留系
		海相砂岩、泥页岩，局部为碳酸盐岩	奥陶系
寒武系	半深海-深海相复理石砂泥岩		

1. 前泥盆系

十万大山地区前泥盆系地层主要有寒武系、奥陶系、志留系地层。在盆地北部寒武系地层出露较多，岩性为半深海-深海相复理石砂泥岩，北部寒武系与上覆泥盆系为不整合接触。奥陶系、志留系则主要出露在盆地南部，为海相沉积，奥陶系为碳酸盐岩、砂岩、泥页岩，志留系为半深海相含笔石硅质岩、页岩、碎屑岩，盆地南部奥陶系、志留系与泥盆系为连续沉积。

2. 泥盆系

泥盆系在盆地南北均有分布，但沉积环境和岩性均有差异。盆地北部，下泥盆统以浅海相碎屑岩夹碳酸盐岩沉积为主，中、上泥盆统为台地相碳酸盐岩及盆地相碎屑岩。盆地南部，下泥盆统为半深海相含笔石碎屑岩，中上泥盆统为槽盆相硅质岩、泥质岩。

3. 石炭系

石炭系地层在盆地两侧均有出露。北部为台地相碳酸盐岩；盆地南部为槽盆相硅质岩、泥质岩。

4. 二叠系

盆地南部下二叠统为碳酸盐岩沉积。上二叠统在盆地北部为台地相碳酸盐岩夹含煤地层，盆地南部则主要为滨岸砂岩、砾岩、泥岩。由于东吴运动的影响，中下二叠统之间为不整合接触。

5. 三叠系

1）中、下三叠统

盆地北部和南部中、下三叠统岩性有明显差异。在盆地北部，中、下三叠统以凭祥-东门断裂为界，两侧地层岩性、延向和厚度变化较大。凭祥-东门断裂以北地区下三叠统主要为一套台地相碳酸盐岩，中三叠统为一套中酸性熔岩和火山碎屑岩与深海砂泥岩互层。凭祥-东门断裂以南地区中下三叠统大部分与二叠系连续沉积，为海相砂泥岩，具有浊流沉积特征，部分地区为碳酸盐岩，局部夹砂泥岩、火山碎屑岩和玄武岩。在盆地南部，下三叠统主要沿南屏-沙坪断裂和扶隆-小董断裂分布，以滨浅海相碎屑岩夹碳酸盐岩、盆地相浊积岩。中三叠统以中酸性熔岩和火山碎屑岩为主，局部夹砂泥岩。

2）上三叠统

上三叠统主要出露在盆地南部，岩性为海陆交互相砂岩、泥岩、页岩、底砾岩等碎屑岩，局部夹煤线，从下到上分别为：底部为板八组火山岩；中部为平峒组灰绿色砾岩夹细砂岩及泥岩，其上为杂色砂泥岩互层；上部为扶隆坳组杂色砾岩、砂岩与泥岩互层，局部夹碳质泥岩或煤线。总体属河流-三角洲沉积，局部为山前洪积。

6. 侏罗系

侏罗系是十万大山盆地分布较为广泛的地层，也是主要的含铀层位，包括汪门组、百姓组、那荡组和崇力组。

（1）汪门组（J_1w）。汪门组大面积分布于十万大山盆地南北两翼。岩性为紫红色砾岩、长石石英砂岩及粉砂岩，上部夹钙质泥岩，那楠等地夹豆状灰岩，局部地区夹煤线，大部地区与下伏扶隆坳组整合接触，局部地区与下、中三叠统不整合接触。本组总体属河湖相沉积，局部地区为山麓相堆积。

（2）百姓组（J_1b）。下部主要为紫红色中厚层状细砂岩、岩屑质砂岩夹泥岩；上部以紫红色泥岩为主夹细砂岩或粉砂岩，局部地区夹含砾砂岩、赤铁矿层或煤线，与下伏汪门组整合接触。本组水平纹层及波痕等发育，总体形成于湖泊环境，盆地北东可能存在湖滨沼泽三角洲。

（3）那荡组（J_2n）。下部为灰白色岩屑质粗砂岩、细砂岩夹含砾砂岩或砾岩，上部为灰绿、紫红色长石质石英砂岩、钙质粉砂岩夹细砂岩，局部夹碳质泥岩或煤线，与下伏百姓组整合接触。本组常见大型板状交错层及流水波痕，中部透镜状及纹层构造发育，属河流-深湖相沉积。

（4）崇力组（J_3d）。岩性为杂色厚层块状长石石英砂岩、含砾粗砂岩夹粉砂岩及泥岩，中上部偶夹含砾砂岩、钙质砂岩、黑色泥岩及煤线，与下伏那荡组整合接触。本组水平层理、透镜状层理、板状层理、砂纹层理发育，形成于河流-湖泊环境。

7. 白垩系

白垩系在十万大山盆地北部出露面积广泛，包括新隆组、大坡组、西垌组、罗文组。

（1）新隆组（K_1x）。底部为紫红色块状砾岩、含砾砂岩夹泥岩，其上为紫红色钙质粉砂岩、泥质粉砂岩夹岩屑细砂岩及泥岩，局部夹含砾砂岩及含铜层。邕宁区大塘盆地，新隆组因厚度很大划分为上下两个岩性段。新隆组在十万大山盆地与下伏岽力组平行不整合或微角度不整合接触，其余地区角度不整合于前白垩纪地层之上。

（2）大坡组（K_1d）。下部主要为块状砾岩、含砾砂岩夹细砂岩、粉砂岩及泥岩，上部钙质粉砂岩夹泥岩，大部分地区未见顶，与下伏新隆组整合接触，属河流-湖泊相沉积。

（3）西垌组（K_2x）。岩性为凝灰质砾岩、凝灰质角砾岩、凝灰熔岩、凝灰岩、石英斑岩、霏细斑岩，局部地区底部为紫红色砾岩，中上部为砂岩、泥岩夹火山岩，大部分地区未见顶，与下白垩统或前白垩纪地层角度不整合接触。

（4）罗文组（K_2l）。自下往上岩性为紫红色砾岩、砾状砂岩、长石石英砂岩、粉砂岩夹泥岩，岩石普遍含钙质，南宁那龙、沙井一带夹砾状灰岩或不稳定的泥灰岩，角度不整合于西垌组、下白垩统或前白垩纪地层之上。本组板状层理及槽状交错层理发育，大部分地区属河流相沉积，局部地区属浅湖相沉积。

8. 古近系

（1）系邕宁群（EY）。古近系邕宁群仅出露其底部或下部，岩性为紫红色块状砾岩及含砾砂岩，角度不整合于前古近纪地层或岩体之上，厚约数十米至千余米，属山麓至河流相沉积。南宁、宁明等盆地底部为砾岩，角度不整合于罗文组或前古近纪地层之上；其上为浅灰、灰白色粉砂岩、细砂岩夹钙质泥岩、砂质泥岩、碳质泥岩、褐煤层及膨润土，局部夹泥灰岩、含磷层及菱铁矿层，未见顶，总体属河流-湖泊沼泽环境。

（2）洞均组（E_2d）。岩性为灰—浅灰色砾状灰岩、角砾灰岩、钙质砾岩及泥灰岩，局部地区上部夹紫红色泥岩，属淡水浅湖沉积。

9. 第四系（Q）

第四系指分布广泛但很零星的第四纪河流冲积、溶余堆积、残积、残坡积、坡积、洪积、洪冲积等沉积物，岩性为砾石层、砂砾层、黏土层、亚砂土或亚黏土层。

2.3　区域构造及分区

2.3.1　区域构造特征

该区构造线方向总体上为北东向，断裂与褶皱均较为发育，以断裂为主。

十万大山地区褶皱构造较为发育，其中规模最大的是十万大山向斜构造，该褶皱呈北东-南西走向，形成向斜山地貌，核部地层为白垩系和古近系，两翼地层为侏罗系和上三叠统。该向斜规模大，是燕山运动的产物，同时受到后期喜马拉雅构造运动的影响，产生了次级的背向斜构造。受后期构造作用影响，断裂发育，部分断层错断了褶皱。

十万大山地区断裂构造十分发育，主要发育北东向和北西向两组，其中以北东向断裂最为发育。从区域上来看，十万大山盆地南界为扶隆-小董断裂，北界为凭祥-东门断裂。从广西主要断裂分布图（图 2-2）中可以看出，十万大山地区主要受凭祥-东门断裂（34）和峒中-藤县（10）（扶隆-小董断裂是其中的一部分）的影响最为明显。而南屏-新棠断裂（11）是十万大山盆地中间的一个规模较大的断裂。上述三个断裂影响和控制着十万大山盆地的形成与演化。

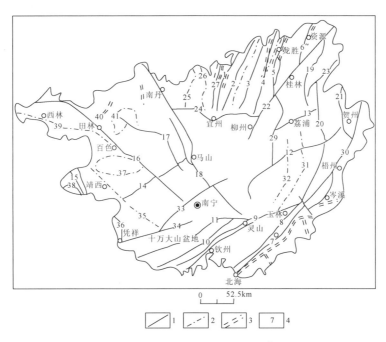

图 2-2 广西主要断裂分布图①

1. 区域性大断裂 2. 一般主要断裂 3. 逆冲推覆断裂 4. 韧性剪切带 5. 走滑断裂 6. 断裂编号

凭祥-东门断裂是十万大山盆地的现今北部边界，它西起凭祥，再向西延入越南境内，向东经过东门延伸至盆地东北部。走向为 70°～75°，倾向南东，倾角为 45°～70°，区内延伸长度约为 170km，西段显示正断层性质，断距由西向东变小，并逐渐转变为东段的逆断层性质。在宁明附近，断裂最大断距达 800m，是海西期张性断裂。受后期碰撞造山运动的影响，断裂性质由张性转化为挤压性质。断裂西段控制了古近系地层的分布，说明在喜马拉雅期仍有活动。

峒中-藤县断裂位于盆地南东侧，是十分重要的控盆断裂，包括原峒中-小董断裂及灵

① 广西壮族自治区地质矿产勘查开发局，2006. 广西壮族自治区 1∶50 万地质图说明书

山-藤县断裂的北东段。南起峒中，往北东经小董至太平山镇与灵山断裂合并，经六陈到达藤县。该断裂走向北东，全长 350km。断裂以倾向南东为主，局部倾向北西，倾角为40°～70°。断层性质早期属于逆断层，晚期属于正断层。该断层切割古生界，具有明显的控相特征。断裂南东侧为一套深水相含硅泥质沉积，北西侧为台地相沉积；断裂北东段控制中生代盆地沉积并被破坏。断裂南东侧，在钦州大峒、容县水口等地断续分布着深变质的混合岩夹混合质片岩等岩块，分布于大容山岩体中或其边缘，显示出其具有古老的结晶基底性质，而断裂北西侧未见其踪迹。沿断裂带岩浆活动强烈，印支期酸性岩浆岩呈狭长带状分布，超浅成的酸性岩浆岩大面积分布于断裂南东侧。因此，该断裂是切割较深的深大断裂，是钦州褶皱系与右江褶皱系的分界，亦是华夏陆块与南华活动带的分界。

南屏-新棠断裂（又称为南屏-沙坪断裂）位于盆地的中南部，属于区域性断裂，自南屏到新棠，向北东在旧洲附近与峒中-小董断裂合并，属于复合型断裂。区内延伸长度超过 123km，垂向断距可达 1.66～3km。北东东走向，总体上为南东倾向，西南侧为北西倾向。受后期构造影响，断裂面形成断弯褶皱。其南侧发育多条与其平行的逆冲断层。该断裂形成较早，构成加里东旋回西大明山-大瑶山隆起与南部拗陷的分界线。泥盆纪—二叠纪，断裂南北两侧沉积相突变，以北为地台型沉积，以南为地槽型沉积。中新生代沿断裂两侧形成大型的断陷盆地，沉积了万余米的红色陆相地层。后期断裂活动又切割了巨厚的陆相地层。钦州拗陷北侧大规模印支期花岗斑岩和晚三叠世酸性火山岩的出现，应与该断裂活动有关。该断裂具有明显的多旋回活动特点，在地质演化过程中，断裂性质、产状、两侧升隆都有较大的变化，属于铝硅层深断裂[①]。

2.3.2　区域构造分区

十万大山地区构造线方向以北东向为主，以从加里东期到燕山期继承性活动的基底深大断裂凭祥-东门断裂和扶隆-小董断裂为界，大致可以分成三个具有不同构造性质和演化的构造单元：扶隆-小董断裂以南为钦州海西褶皱系；凭祥-东门断裂带北西为崇左断褶带；两个断裂之间为十万大山中新生代前陆盆地（王英民等，1998）。

1. 崇左断褶带

该构造单元属于右江褶皱系西大明山隆起最南缘的三级构造单元，以凭祥-东门断裂与十万大山盆地为界。早古生代曾与东侧毗邻的大瑶山隆起相连，同属于加里东期地槽褶皱系的一部分。构造单元内寒武系地层与泥盆系地层不整合接触，构造线以北东走向为主，以南北向挤压为主应力场（王英民等，1998）。晚古生代早期（D）因受海西期拉张断陷运动的影响，一度并入以发育复理石建造的钦防海槽沉积域；晚古生代中晚期（C-P$_1$）为浅水碳酸盐台地沉积区，台地边缘浅滩和生物礁极为发育；东吴运动中该区以升降运动为主，造成上下二叠统之间为平行不整合接触。上二叠统为砂泥岩含煤建造。早中三叠世属右江印支地槽系演化阶段。中三叠世晚期，印支运动使得拉张转为强烈挤压，现今保存的

① 广西壮族自治区地质矿产勘查开发局，2006. 广西壮族自治区 1：50 万地质图说明书。

北东东向褶皱构造和极为发育的北东和北西向两组共轭剪切断裂，为印支运动所产生的构造形迹，该组断裂常切割北东东向加里东期形成的断裂。燕山期和喜马拉雅期的应力叠加又使得北西向组断裂发育，并切割北东向组断裂。在持续的南东向作用力下，凭祥-东门断裂北盘呈上升趋势，形成了崇左复式向斜带，以及一系列北西向及南东向共轭压性断裂组。

2. 钦州海西褶皱系

该构造单元位于扶隆-小董断裂南东。据区域地质资料显示，该构造单元内受广西运动影响甚微，为泥盆系与志留系连续沉积的加里东残余海槽（王英民等，1998）。东吴运动使该区褶皱回返，强烈的南东-北西向挤压造成上、下二叠统之间的不整合接触，也使志留系深海沉积的地层紧密褶皱。扶隆-小董断裂为灵山断褶带北西边缘的次级断裂。灵山断褶带为一狭长的总体南东倾向的断裂组，绝大部分以逆断层出现。带内出露的最老地层为志留系。带内褶皱也较发育，多具紧密线状褶皱类型。靠东缘的防城-大垌断裂为最重要的一条，北起藤县，至北端寨圩，经新圩至大垌。断裂具长期活动的特点，从志留纪到新构造时期均有活动。该断裂呈平缓波状弯曲，性质上以压性为主。断裂构造岩为压扁拉长构造透镜体和显著定向构造的糜棱岩化、片理岩化带。断裂走向总体为北东向，倾向南东，倾角为65°～88°，其上志留系以高角度逆冲于断褶带上。钦防海西褶皱系的形成为中生代十万大山盆地提供了重要的物源条件。

3. 十万大山中生代前陆盆地

该构造单元位于右江印支褶皱系与钦防海西褶皱系之间，分别以扶隆-小董断裂，凭祥-东门断裂为其南北边界。该单元是本书的研究区，根据其泥盆纪至中三叠世的海相地层的沉积构造特征，可划分为北部斜坡带、南部深拗陷带两个构造区划带（王英民等，1998）。

1）北部斜坡带

该带以上思-沙坪断裂为界与南部深拗陷分开。如前所述，上思-沙坪断裂南北，在整个海西期沉积、岩性属性完全不同的两套地层，北侧为碳酸盐岩，南侧为碎屑岩。

北部斜坡带在岩相上属于浅水盐酸盐台地边缘相，发育碳酸盐岩。在凭祥-东门断裂的作用下，使该带形成总体上向上思-沙坪断裂附近水体变浅，向凭祥-东门断裂水体加深的沉积环境，从而沉积了一套向上思-沙坪断裂尖灭的楔状碳酸盐岩。同时，在上英北断裂的作用下，使之呈现出与上英北断裂间的一相对凸起和上英北断裂与凭祥-东门断裂间相对凹陷的沉积特征。故可划分为北部次凸起和北部次凹陷两个构造亚带。北部次凸起在上英附近比较明显，向东渐变弱并尖灭。上英附近可能曾出露水面，使侏罗系地层与泥盆系地层直接接触，主要为一生物礁碳酸盐岩隆。北部次凹陷由于处于台地边缘，相对水体较深，并有南东侧水下次凸起存在的环境，因此生物礁发育。

2）南部深拗陷带

该带位于上思-沙坪断裂以南，主要沉积了一套深水碎屑岩，厚度较大，在岩相上属于深水斜坡到深水盆地相。由于后期碰撞造山运动，使其东南侧地层强烈逆冲抬升，形成逆冲-推覆构造。南屏-沙坪断裂北侧地层褶皱平缓，受挤压作用影响较弱，主要形成断弯褶皱。该断裂以南,地层褶皱强烈,地层明显抬升形成逆冲构造带。可将南部深拗陷划分为南部缓褶带和南部逆冲带两个构造亚带。南部缓褶带处于上思-沙坪断裂与南屏-沙坪断裂之间,岩相上属深水斜坡相,主要沉积了一套钙屑重力流为主的地层。由于受后期东南侧云开造山带抬升挤压的影响,沿上思-沙坪断裂面发生逆冲,形成舒缓的断弯褶皱。南部逆冲带处于南屏-沙坪断裂南侧,在岩相上属于深水盆地相,以沉积碎屑岩为主,发育一系列从南东向北西逆冲的断裂构造,并产生强烈褶皱。

2.4 岩浆岩及脉体活动

桂东南地区岩浆活动频繁,形成了大量的侵入岩和火山岩,这些岩浆岩往往是十万大山盆地基底的组成部分。同时,在盆地盖层中也发现石英脉及重晶石脉体。十万大山地区岩浆活动的特点是延续时间长,从海西早期至燕山晚期;分布广泛,盆地南、北两侧均有大面积分布;空间展布规律性强,盆地北侧以喷发岩为主,南侧主要为侵入岩。其活动与区域构造运动,尤其与区域性北东向大断裂的活动密切相关。具体表现在,不管是侵入岩还是喷发岩,往往沿盆地两侧一些大断裂带呈带状分布,其走向与区域构造走向大体一致。

盆地南缘及其以南地区的岩浆活动主要为大规模的岩浆侵入活动。大面积的晚二叠世—早、中三叠世的酸性侵入岩体沿钦州-灵山断裂带呈北东—南西向条带状分布,它们系大容山-六万大山-十万大山花岗岩群的西南部分,普遍含有堇青石、紫苏辉石等特征矿物和沉积变质岩包体,属 S 型花岗岩,与大容山、六万大山岩体为同源、同一成因系列。由南东往北西方向,侵入活动期由老变新,岩石矿物颗粒由粗变细,结构从似斑状变为斑状,形成深度从中深成到超浅成,活动规模由大到小,同化混染作用由弱到强。

区域上与盆地有接触关系的侵入岩主要是以花岗岩为代表的酸性侵入体。就盆地周围而言,花岗岩体大小计有多个。较大的为盆地南东侧的那洞岩体、台马岩体、旧州岩体等,较小的为盆地东端的丰塘岩体,盆地西面的伏波山岩体,盆地中部米引岩体。另据航磁资料在盆地西南端的桐棉—板兰一带存在隐伏花岗岩体。

这些岩体的岩性主要为花岗斑岩、黑云母花岗岩、花岗闪长岩类。收集前人在盆地东南缘采集花岗岩样品分析测年结果(表 2-2),表明盆地东南缘各类花岗岩年龄为 246～202Ma,由此认为台马岩体、那洞岩体等盆地东南缘花岗岩、花岗斑岩均为印支期花岗岩。

表 2-2 十万大山盆地东南缘花岗岩类测年结果统计表

序号	年龄/Ma	测试方法	取样地点	序号	年龄/Ma	测试方法	取样地点
1	231	Rb-Sr	大寺北、台马西南	6	241	K-Ar	武利镇东北
2	236	锆石 U-Pb	大寺西	7	240	K-Ar	灵山县西
3	230	K-Ar	大寺镇	8	233	K-Ar	马路镇与那梭镇之间
4	230	锆石 U-Pb	白马山南	9	246	锆石 U-Pb	马路镇与那梭镇之间
5	233	锆石 U-Pb	武利镇东北	10	202	锆石 U-Pb	马路镇与那梭镇之间

注:据广西壮族自治区 1∶50 万地质图,2006。

十万大山盆地南部火山活动相对较弱，仅在盆地南东缘上三叠统板八组中见中性火山岩，岩性为灰绿色流纹斑岩、凝灰岩、凝灰质熔岩等。在盆地北东端新圩一带的白垩系中见中酸性喷发岩（面积约为 0.15km^2），岩性为辉石安山玢岩、玄武玢岩、钠长石化熔岩、凝灰质砾岩、火山熔岩角砾岩等；在雅王圩附近的汪门组内见酸性凝灰岩。

盆地北侧的岩浆活动主要为喷发活动，分布在盆地西北部边缘及其以北地区。自中、晚泥盆世至早石炭世曾先后发生 5 次基性、中基性海底火山喷发，早期以溢出为主，后期渐变为强烈喷发。到早二叠世晚期，再次发生强烈的中基性火山喷发，晚二叠世则沿凭祥-东门断裂发生裂隙-中心式基性火山喷发。整个晚古生代的喷发岩，主要为多层次、厚度小的安山岩-玄武岩建造与碳酸盐岩建造共生。早三叠世为火山喷发最兴盛时期，凭祥-东门断裂以北岩浆活动分异明显，以北主要为一套酸性、中酸性熔岩和火山角砾岩，南侧为一套基性火山喷发岩；至中三叠世，断裂以北先是由凝灰碎屑岩-中基性熔岩及凝灰碎屑岩或酸性熔岩（石英闪长斑岩）组成两个喷发韵律，继之全为中酸性熔岩喷发。断裂以南则由次火山相的长石石英斑岩、凝灰质火山角砾岩-凝灰岩和角砾、凝灰、酸性熔岩-凝灰岩组成 3 个喷发旋回。

此外，在盆地西南宁明地区有火山岩存在，岩性主要为酸性次火山岩。本书在研究过程中，于宁明地区采集的火山岩测年为（247.7±2.6）Ma（图 2-3），为早三叠世火山岩，属印支早期。

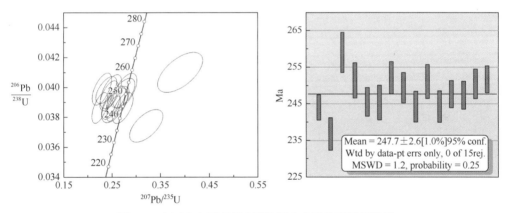

图 2-3　十万大山西南部宁明地区火山岩锆石测年结果

脉体活动仅见少量的辉绿岩、二长岩、石英斑岩、石英等岩脉侵入盆地内侏罗系、白垩系中。另外在断裂带中常见石英脉（包括硅化）、方解石脉、重晶石脉，脉体厚度达 1～2m，长度为 2～5m。与这些脉体伴生的有黄铁矿、方铅矿、黄铜矿、闪锌矿等金属矿物。部分重晶石脉发育铅锌矿化，方铅矿颗粒粗大，粒径可以大于数毫米，明显是热液活动的产物。

2.5　区域铀矿化及其他矿产

2.5.1　盆地铀矿化

十万大山盆地目前发现的铀矿化，在空间上主要集中在盆地南东缘，即东部凹陷区南翼一带，其次是西部凹陷区的南、北两侧以及盆地东北部一带。主要铀矿化层位有三叠系板八组、平垌组；侏罗系汪门组、百姓组、那荡组、崇力组；白垩系新隆组和古近系邕宁群等八个层位的浅色砂岩中。其中那荡组的矿化较好，盆地内的铀矿床、矿点、矿化点和好的异常点带（如屯林矿床、大廖、那弼坡、六华、那敏、那布、果木、南美、百灵、贵台等矿点、矿化点）均受该层位控制（图 2-4）。

2.5.2　盆地内其他矿产

十万大山盆地已发现的其他矿产有：铅、铜、铁、钴、汞、锑、煤、重晶石、油气等各类矿产。其中，盆地东部凹陷区有铅、铜、锌、钴、锑、重晶石等（图 2-4），如小满的铅矿（点），南局何阳山重晶石矿、那弼坡重晶石矿，恋城砂岩型铜矿等。

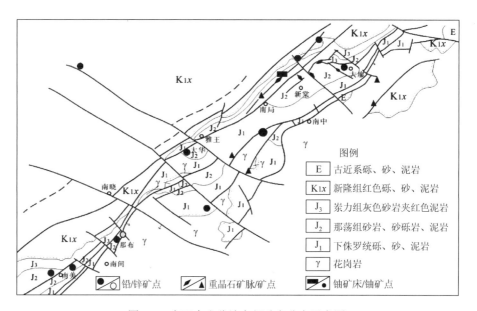

图 2-4　十万大山盆地东部矿产分布示意图

第3章 十万大山盆地结构及其特征

十万大山盆地作为我国南方重要的中生代盆地，不仅规模较大，产铀，而且还是煤等能源矿产的产地。十万大山盆地矿产资源的形成与盆地的结构有密切关系。结合前人的研究成果，本书综合研究认为，十万大山盆地具有独特的"双基底"和"双盖层"结构特征（图3-1）。

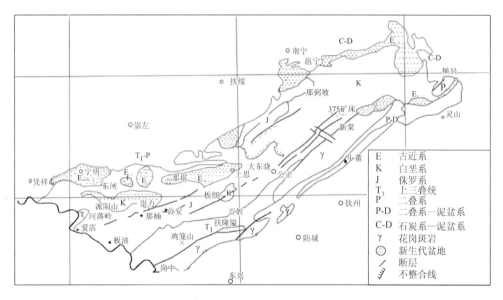

图 3-1　十万大山盆地地质简图

3.1　十万大山盆地基底特征

十万大山盆地基底是指上三叠统陆相沉积地层不整合面以下的海相沉积地层。具体来说，上三叠统板八组（T_3b）以下的所有地层、岩体均为基底组成部分。在本书研究过程中，认为十万大山盆地基底具有"双基底"构造特征。"双基底"是指盆地具有两个基底：一个是前泥盆系弱变质基底，一个是泥盆系—中三叠统未变质基底。前泥盆系弱变质基底广泛分布于华南地区，在十万大山盆地周边主要出露寒武系—志留系地层，分布面积不大，岩性主要有弱变质的碎屑岩、泥页岩、碳酸盐岩、硅质岩等。未变质的正常基底是泥盆系到中三叠统地层所构成的分布更为广泛的基底，岩性主要是粉砂岩、砂岩、泥岩、泥质粉砂岩，局部夹有火山碎屑岩。正常基底与弱变质基底之间有不整合存在，在盆地东南部，由于作为钦防海槽的一部分，具有连续沉积的特点，泥盆系与志留系之间连续沉积（王英民等，1998）。正常基底与上覆盖层之间亦有不整合面存在。

从地表地层分布情况分析，基底岩性较复杂（表 2-1）。北西翼与南东翼无论在岩性还是地层方面均有较大差别，表明在地质历史时期，十万大山盆地基底处于不同的构造环境，经历了不同的演化（图 3-2）。

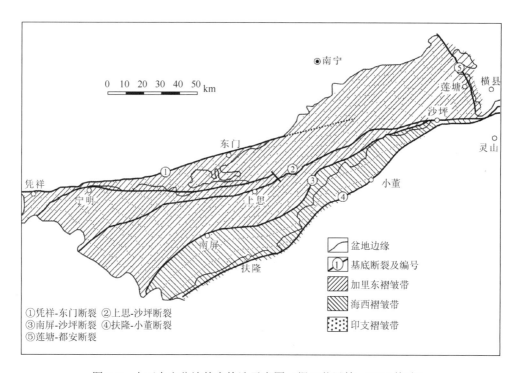

图 3-2　十万大山盆地基底构造示意图（据王英民等，1998 修改）

盆地北西部基底主要为中下三叠统和上古生界灰岩、硅质岩、砂泥岩；北西段局部为中下三叠统酸性火山岩，但侵入岩不发育。盆地东南部基底岩性为砂岩、泥板岩、灰岩和岩浆岩。东南部侵入岩发育，分布面积广泛，主要岩体有印支期那洞、台马两岩体，岩性为堇青石黑云母花岗岩、文象黑云母花岗岩、花岗斑岩等。盆地中心部位，据航磁资料，以那道—那岭—公正一线为界，分为东西两个沉积中心，西部凹陷位于海渊—昌墩一带，按磁场特征推测有三个东西向排列的花岗岩体（图 3-3）。东部凹陷位于那楼—那礼一带，磁场平稳，推测为二叠纪岩体。总之盆地基底性质较复杂。

由于构造运动的发展，盆地南北沉积环境和构造产物均不一致。以中央断裂为界线，西北部是加里东早期扬子地块边缘增生的（华南）褶皱系，由一套寒武纪海相碎屑复理石组成，有轻微的变质，泥盆系滨海相砂岩角度不整合于其上，同时，从泥盆纪开始直到早、中三叠世是扬子地块稳定大陆边缘的碳酸盐岩沉积，经由晚三叠世印支运动的影响发生前隆，直到侏罗—白垩纪才形成为前陆盆地。南部是钦州残余海盆，两者之间现今为一基底大断裂。

总的来说，十万大山盆地基底形成时间长，不仅包括古生代地层，还发现了前寒武纪

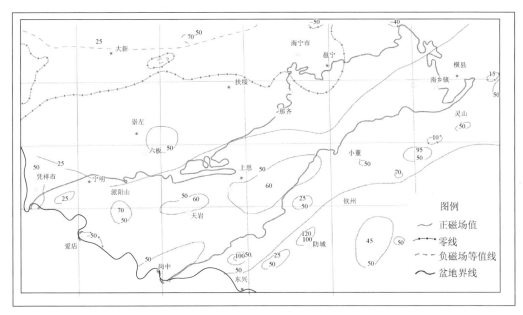

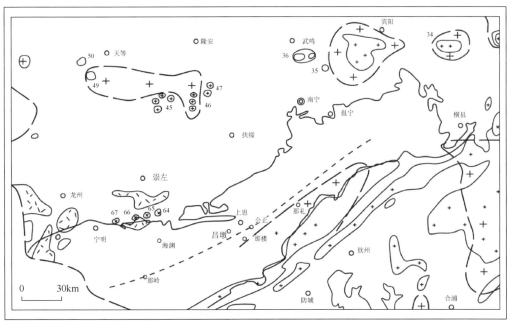

图 3-3　十万大山盆地地区航空磁测 ΔTA 等值线图（上图）及推测岩体（下图）

（据中南 309 队第五队科研队，1976，内部资料）

地层，以盆地基底大断裂为界，北部包括了寒武纪、奥陶纪和志留纪的砂岩、硅质岩、泥质岩和页岩，以及从泥盆纪开始一直持续到早、中三叠世作为扬子地块被动大陆边缘所形成的碳酸盐岩沉积。南部基底主要是寒武纪、奥陶纪和志留纪的砂岩、硅质岩和页岩，还有泥盆纪的复理石建造以及石炭纪—二叠纪的碎屑岩、碳酸盐岩建造。

3.2 十万大山盆地盖层特征

十万大山盆地盖层划分是根据印支运动第三幕——龙华运动造成的中上三叠统之间的不整合面为界线划分的，即上三叠统板八组（T_3b）及其以上的所有地层，包括上三叠统、侏罗系、白垩系以及古近系的陆相和下部一部分海陆过渡相的沉积地层（图3-4）。

十万大山盆地盖层具有"双盖层"结构，即通常所谓的"大盆套小盆"结构。"大盆"是指上三叠统至上侏罗统岽力组地层所构成的盖层，该盖层岩性主要为砂岩与泥岩互层，砂岩颜色浅（灰色、灰黄色），泥岩颜色深（紫红色、灰红色），分布面积广，地层厚度大，砂泥比例优，是盆地最为主要的铀含矿层位，其中尤以侏罗系那荡组为主。"小盆"是指白垩系及以上的地层，岩性主要为砂砾岩、粗砂岩、砂岩，与下伏地层在部分地段呈不整合接触，是在侏罗系地层形成之后随着盆地的演化东部抬升，在白垩纪时盆地变浅，盆地中心向西、向北偏移而形成。白垩系地层中亦有铀矿化及异常分布。

盆地盖层地层划分方案较多（表 3-1），本书收集并借鉴前人的资料，突出地层特征和对比矿化层位。

（1）在岩性方面：上三叠统除底部板八组（T_3b）为酸性火山岩外，上部与下部均以砂砾岩为主，中部为砂泥岩；侏罗系粒度变细，主要为砂泥岩，局部夹砂砾岩，岩性变化不大；白垩系和古近系自底部砂砾岩开始，逐变为以粉砂岩为主。

（2）在岩相方面：上三叠统从海陆过渡相到河流洪积相沉积；侏罗系则基本属湖泊相，中间有沼湖相沉积物，往往在上部沉积物中有下部沉积物的砾石；白垩系从洪积相开始再到洪积相结束，中间有相当长时间的湖泊相沉积；古近纪则开始形成十万大山山脊，盆地西北部则成为相对拗陷区。侏罗系普遍超覆于三叠系及古生界之上，沉积中心由南往北迁移，形成内叠式断陷盆地。

该地区盖层经历了多种构造运动，云开大山与十万大山盆地盆山耦合，发生逆冲推覆，由南东逐渐向北西转移，导致了沉积地层岩性的不同。从晚三叠世到古近纪，盆地全区沉积演化经历了4个大的沉积旋回（孙连浦等，2005）。

第一个沉积旋回是从晚三叠世初期开始，结束于晚三叠世末期，沉积水体逐渐变浅，由早期的海陆过渡相的海湾三角洲沉积逐渐过渡到湖泊相沉积，经历短暂的时间后转化为河流相沉积，直至晚三叠世末。第二个沉积旋回开始于早侏罗世前期，此时沉积水体迅速变深，达到浅湖沉积，到晚侏罗世后期水体变浅，转变为河流相沉积。第三个旋回贯穿白垩纪，前期水体很浅，而后逐渐过渡，形成河流相和滨湖相沉积。新生代以来全区上升，结束了前陆盆地的发展历史，代之以古近纪断陷盆地，形成了该区域的第四个沉积旋回。

1. 上三叠统

该统出露于盆地的西南部和南部的十万大山的主峰一带，并沿主峰向北逐渐深埋，代表了一套印支运动从南向北逆冲推覆而形成的前陆盆地和海陆交互相的碎屑岩建造，

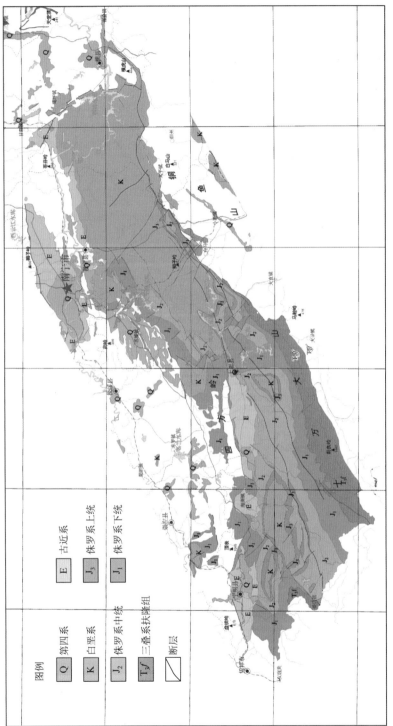

图 3-4　十万大山盆地盖层分布特征（底图据广西壮族自治区地质矿产勘查开发局 2006 年资料修编）

表 3-1　十万大山盆地沉积盖层表

界	系	统	组群	段	代号	厚度/m	主要岩性	矿化情况	构造运动
新生界	第四系				Q	0~46	砾石、砂、土		喜马拉雅第三幕
	古近系	上始新统	邕宁群	三段	E_2Ny^3	133~146	浅色砂、泥岩夹砾砂岩透镜体		喜马拉雅第二幕
				二段	E_2Ny^2	170~634	浅色砂、泥岩夹磷矿层、菱铁矿、铁锰矿、煤线	异常	
				一段	E_2Ny^1	6~741	杂色泥砾岩夹砾岩透镜体及磷矿层	异常	
		古始新统	洞均组		E_2d	2~118	灰白色砾状灰岩、灰岩、砾岩		喜马拉雅第一幕
					E_{1-2}	189~2485	紫红色砂砾岩夹浅色砂、泥岩		
中生界	白垩系	上统	罗文组		K_2l		紫红色砾岩、砂砾岩、砂岩、粉砂岩夹泥岩		燕山第四幕
			西垌组		K_2x		紫红色砾岩、凝灰质角砾岩、凝灰熔岩、石英斑岩、砂岩、泥岩		
		下统	大坡组		K_1d	511~758	紫红色或灰色粉砂岩、泥岩、砾岩、细砂岩		燕山第三幕
			新隆组	五段	K_1x^5	930~1095	褐红色砂岩		
				四段	K_1x^4	687~805	紫红色粉砂岩、砂砾岩		
				三段	K_1x^3	1170~1359	紫红色泥岩、粉砂岩夹灰绿色砂岩、砂砾岩	异常	
				二段	K_1x^2	760~837	紫红色粉砂岩、泥岩,下部斑状砂岩		
				一段	K_1x^1	512~574	紫红色砾岩、砂砾岩、细砂岩、泥岩互层		
	侏罗系	上统	崇力组	上段	J_3d^2	130~320	灰色细粒长石石英砂岩夹紫红色泥岩	异常	燕山第二幕
				下段	J_3d^1	80~268	灰白-紫灰-紫红色细粒石英砂岩、紫红色泥岩	铀矿化	
		中统	那荡组	上段	J_2n^3	200~300	灰绿色细粒长石石英砂岩、紫红色泥岩、粉砂岩	工业铀矿体	
				中段	J_2n^2	>416	灰色细粒长石石英砂岩与紫红色泥岩互层		
				下段	J_2n^1	>242	灰色细粒长石石英砂岩、紫红色泥岩,底部砂砾岩		
		下统	百姓组	上段	J_1b^2	178~772	紫红色泥岩、粉砂岩夹灰色细粒石英砂岩		燕山第一幕
				下段	J_1b^1	300~1014	灰白色细粒石英砂岩夹紫红色泥岩	异常	
			汪门组	上段	J_1w^2	>100	紫红色泥岩、粉砂岩夹灰色细粒长石石英砂岩、石英砂岩		
				下段	J_1w^1	>200	杂色斑状砾岩、砂砾岩,细砂岩夹紫红色泥岩	铀矿化	
	三叠系	上统	扶隆组	四段	T_3f^4	60~1539	紫红、灰黄色砾岩、含砾砂岩夹灰色泥岩		印支运动(2)
				三段	T_3f^3	45~1343	紫红色砂岩、粉砂岩、泥岩互层夹含砾砂岩		

续表

界	系	统	组群	段	代号	厚度/m	主要岩性	矿化情况	构造运动
中生界	三叠系	上统	扶隆组	二段	T_3f^2	168~1322	紫红色泥岩、粉砂岩夹砂砾岩		印支运动（2）
				一段	T_3f^1	184~421	紫红色砾岩、砂砾岩夹泥岩		
			平垌组	上段	T_3p^2	750~2134	紫红色泥岩夹浅色砂岩、粉砂岩		
				下段	T_3p^1	120~347	浅色砾岩、砂砾岩夹紫红色或灰绿色泥岩	异常	
			板八组		T_3b	>635	浅色流纹岩夹浅色砂砾岩、熔岩，底部为砂砾岩	异常	

主要是紫红色厚层-块状砾岩、含砾砂岩、细砂岩、粉砂岩及泥岩；盆地西南部，该统下部是海陆交互相沉积的一套灰绿色中薄层层状砂泥岩。与下伏的中三叠统火山岩不整合接触。

晚三叠世在十万大山盆地南部岗中—平垌—公正一带沉积厚度较大的平垌组，最厚处达 2500m，在公正一带厚度为 520m 左右（图 3-5）。

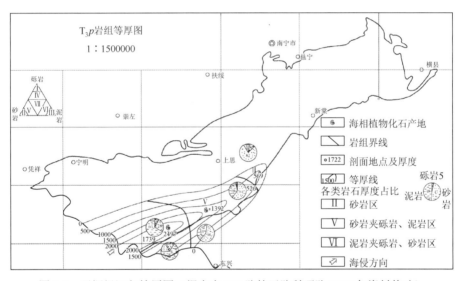

图 3-5　平垌组沉积等厚图（据中南 309 队第五队科研队 1976 年资料修改）

到了晚三叠世扶隆期，盆地南部水深度继续加大，沉积了厚度更大的扶隆组，沉积中心转到扶隆陡一带，最大厚度接近 4500m，在公正一带厚度也达到 1632m（图 3-6）。

2. 侏罗系

在盆地内广泛出露，主要是一套湖相，局部为山麓相的含菱铁矿、泥钙质碎屑岩建造，可分为下统的汪门组、百姓组和中统的那荡组以及上统的紊力组。下侏罗统在盆地西南整合在上三叠统扶隆组上，但在盆地的西北部，东南部的东北段以及米引地区，其不整合于中三叠世花岗斑岩（台马岩体）、二叠系和下三叠统之上，岩性以滨湖相为主，在米引和

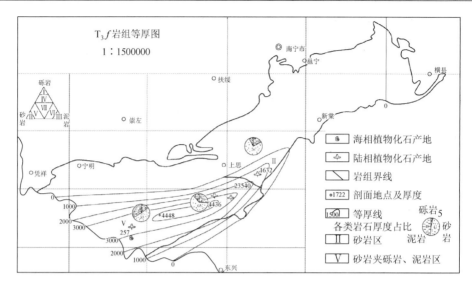

图 3-6　上三叠统扶隆组等厚图（据中南 309 队第五队科研队 1976 年资料修改）

西北部局部为山麓洪积相-河流相。中侏罗统是滨浅湖相沉积，两个沉降中心，以米引、公正为界，一个在东部新棠地区，另一个在西部鸡笼坳一带。上侏罗统为滨湖三角洲相沉积，砂岩中含砾较多，厚度较大。

　　早侏罗世，十万大山盆地沉积了大面积的汪门组、百姓组地层，沉积中心在南部靠近越南的地方，最大厚度可达 2500m，在新棠一带厚度为 1000m 左右（图 3-7）。

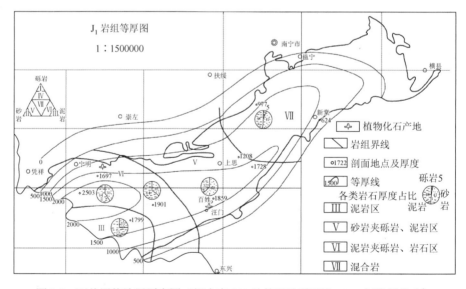

图 3-7　下侏罗统地层厚度图（据中南 309 队第五队科研队 1976 年资料修改）

　　中侏罗世，十万大山盆地水深逐渐减小，形成了两个相对沉积中心，南部在宁明南，沉积厚度接近 1200m；在那荡—那陈一带，沉积厚度接近 1000m。新棠一带中侏罗统那荡组厚度为 700m 以上（图 3-8）。该期是形成铀储层的主要时期。

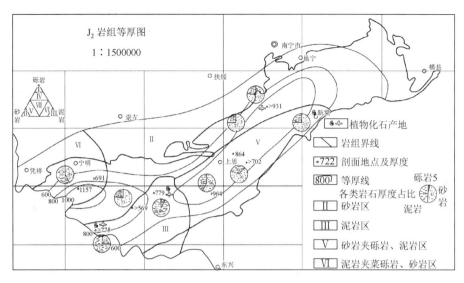

图 3-8 中侏罗统地层厚度图（据中南 309 队第五队科研队 1976 年资料修改）

晚侏罗世，十万大山盆地沉积格局继承了上侏罗统崇力组，两个沉积中心中，南部沉积中心转移到那楠，沉积厚度达到 860m；北部沉积中心在新棠一带，沉积厚度达到 715m（图 3-9）。

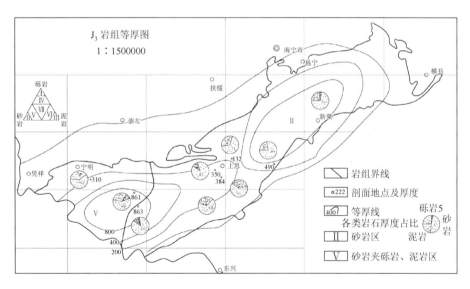

图 3-9 上侏罗统地层厚度图（据中南 309 队第五队科研队，1976 修改）

3. 白垩系

白垩系地层分布于十万大山盆地东北部及西部地区，下白垩统主要分布于十万大山盆地东部，与下伏地层不整合接触。下部新隆组为河流、湖泊相的紫红色沙泥岩建造，中部夹有含铜蓝色孔雀石钙质粉砂岩，地层厚度向东北逐渐变薄，继承前陆盆地特征。上部大

坡组是 · 套河流相粗碎屑，具有类磨拉石建造特征。上白垩统下部在钦州尖顶岭、横县新圩两地发育。钦州尖顶岭是酸性喷出岩，横县新圩是中性喷出岩。上部分布于平吉盆地和陆屋盆地，是一套陆相的碎屑含膏岩建造。该统与下志留统、泥盆系、二叠系和下侏罗统以及印支期岩体呈角度不整合接触。

白垩系新隆组岩性主要为紫红色砾岩、含砾砂岩、砂岩、泥岩等，形成两个小盆，南部在那楠一带，厚度超过 1000m；北部沉积中心在邕宁南，沉积厚度最大达到 1500m（图 3-10）。在上统中尚有安山玢岩和熔岩角砾岩。

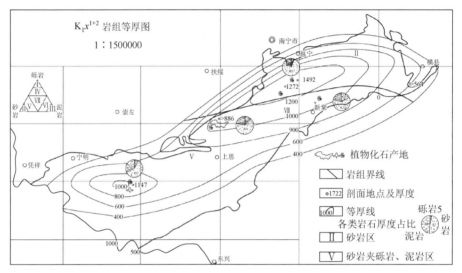

图 3-10　下白垩统新隆组地层厚度图（据中南 309 队第五队科研队 1976 年资料修改）

4. 古近系

古近系地层分布于盆地东南部棠梨江和田庄一带，前者出露两套岩性，即下部山麓相磨拉石建造，上部是红色砂、页岩建造。后者只出露下部的磨拉石建造。与下伏地层不整合接触。

3.3　十万大山盆地构造特征

3.3.1　褶皱构造

十万大山盆地为一个较复杂的复式向斜构造，该复式向斜核部由白垩系组成，翼部由侏罗系、上三叠统组成。轴向为北东 45°～50°；北西翼倾角平缓，一般为 10°～30°；南东翼较陡，一般为 40°～70°，局部直立，甚至倒转。屯林 375 矿床即在该复式向斜东部凹陷区南翼的侏罗系地层中。

在调查研究过程中，于新棠南发现多处褶皱（图 3-11、图 3-12）构造。

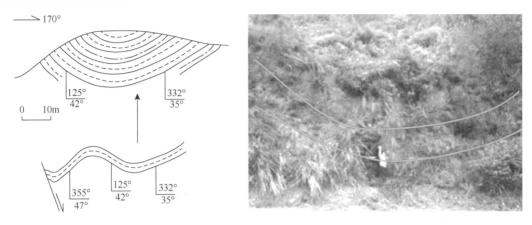

图 3-11　褶皱素描图（D29 点）

图 3-12　强烈褶皱，局部可以看见平卧褶皱

3.3.2　断裂构造

十万大山盆地在地质历史时期经历多次构造运动作用，造就了多种构造形迹。盆地内断裂构造发育，多出露于盆地边缘和轴部。据其走向分为北东、北西和东西向三组，其中北东组发育，北西组次之。

（1）北东向断层：走向为40°～60°，由褶皱以及大致平行的北东向压扭性断裂和与其配套的张性和张扭性断裂组成。断裂以那洞-台马区域性大断裂带为主。

该组断裂发育，规模大，一般长数千米至数十千米，最长达一百多千米，主要见于盆地边缘及轴部。它们常相互平行、斜交，靠近盆地边缘成断裂组（束）出现。如屯佃地区及附近的贵台—新棠北东向帚状断裂束，即由南间—那老断裂为主干断裂伴以南忠、南局、南晓等三条区域性大断裂，这些断裂又各自由次级同向断裂组成。形成向北东收敛的帚状构造。

该组断裂倾向为南东或北西，倾角为40°～75°，断裂面常呈舒缓波状，一般属压扭性，少数具张扭的特征，反映这组断裂具多次活动的特性。断裂带常强烈破碎，形成碎裂岩、角砾岩、糜棱岩等构造岩带，并在局部见石英脉、重晶石脉等脉体活动，带宽数米至十多米，最宽三十多米。

在屯林北白垩系地层中发现正断层（图3-13），在崇力组上部发现一断层，断层为平移正断层，断面光滑，可见阶步（图3-14）。断层上盘劈理发育（图3-15）。

（2）近东西向断层：该应力活动始于加里东期，中生代以来仍有多期活动，但主要活动期应在 J_3-K_2 时期，与上述构造体系的关系除表现其对它的限制，又经受它的改造作用，同时由于二者地应力的发展不平衡，南北挤压应力在盆地东西部相对强烈，中部相对微弱，而南西向直扭力偶一直为区域性的主应力，它们联合和复合作用使盆地展布形态为一斜放的S。

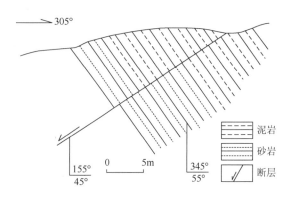

图3-13　断层素描图（新棠小学D19点）

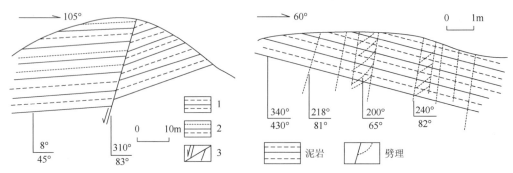

图3-14　断层素描图（断层上盘劈理发育，D28点）（左）和劈理特征素描图（D21）点（右）

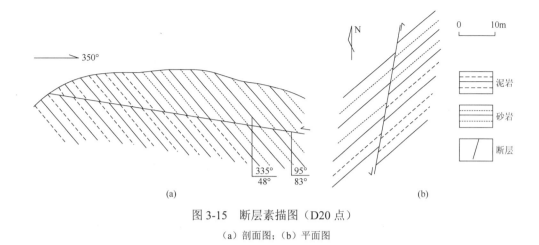

图 3-15 断层素描图（D20 点）

（a）剖面图；（b）平面图

该组断裂不甚发育，主要见于盆地东北端的南缘，断裂一般与北东向断裂共轭，并复合追踪，一般长数十千米，断裂特征与北东向断裂相似。

（3）北西向断裂：是右江系向南东延续的片段，为一组北西向的压扭性断裂，断续地发育于东部盆地边缘，是本区最晚的一组构造形迹。

该组断裂较发育，并具一定规模，一般长数千米至二十多千米，最长 50km，走向为 300°～320°，倾向以南西为主，倾角为 60°以上，常切割北东组断裂，并与其共同形成呈格状构造框架。断裂一般属压扭性，带中由压碎岩、碎裂岩、构造角砾岩、断层泥等组成，局部见硅化或重晶石脉穿插于构造带内。

屯林铀矿床及其附近的六华、那敏、那弼坡、大廖等矿点、矿化点在空间上正处于区域上的贵台—新棠北东向"帚"状断裂束向北的收敛部位。

在南中小学北侧一山包挖开的新断面处，可以看见多组断裂，有两组规模较大的断层走向北西，其中一组倾向为北东—南东，一组倾向为南西（图 3-16）。扶隆南可以见到花岗岩与流纹岩以断层接触（图 3-17）。

十万大山盆地众多的断层及不同时期的节理反映了该区受力情况（表 3-2）。节理和断层玫瑰花图如图 3-18 和图 3-19 所示。

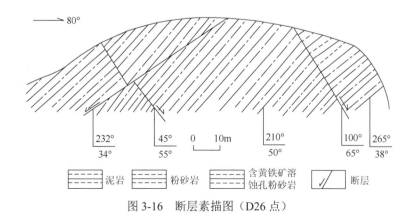

图 3-16 断层素描图（D26 点）

图 3-17　花岗岩与流纹岩断层接触（北西向）

从表 3-2、图 3-18 和图 3-19 可以看出，十万大山盆地节理倾向主要为南西、北东和南东，走向主要为北西走向，少数为北东走向；而断层倾向则以南东、北西向为主，南西向次之，测量到的断层中少见北东倾向。由此可见，十万大山盆地节理与断层产状有所不同，反映了断层与节理形成时受力方向有所差异。总体来看，断层主要为北东走向，反映了北西—南东向构造力，而节理主要为北西走向，反映了南北向构造力，或反映了走滑受力特征。综合研究认为，十万大山盆地先期受北西—南东方向应力作用，产生了盆地主干断裂北东—南西走向特征；后期受北东走滑应力影响，产生了北西向的断裂及大量的北西向的节理构造。在野外调查中也可以看见北西向断裂错断北东向断裂的现象。

表 3-2　十万大山盆地节理及断层统计表

节理				断层	
倾向/(°)	倾角/(°)	倾向/(°)	倾角/(°)	倾向/(°)	倾角/(°)
178	82	120	75	205	68
173	40	265	38	155	45
95	84	180	83	240	82
235	70	160	78	232	87
8	75	13	81	342	44
70	75	153	87	100	65
172	77	320	78	115	55
130	65	333	70	232	34
123	62	220	50	310	83
342	63	195	88	152	83
50	69	155	62	123	65
55	71	260	62	100	41
138	44	183	82	354	57
235	69	260	75	325	75
12	63	217	71	330	87

续表

节理				断层	
倾向/(°)	倾角/(°)	倾向/(°)	倾角/(°)	倾向/(°)	倾角/(°)
50	82	200	65	130	77
220	66	60	82	343	84
233	88	70	77	331	82
255	83	70	68	104	67
36	88	40	67		
72	81	54	76		

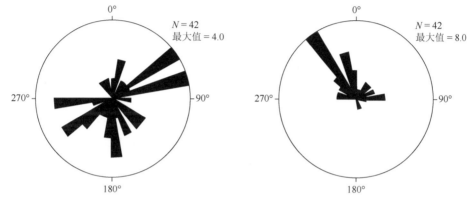

图 3-18　节理倾向玫瑰花图（左）和走向玫瑰花图（右）

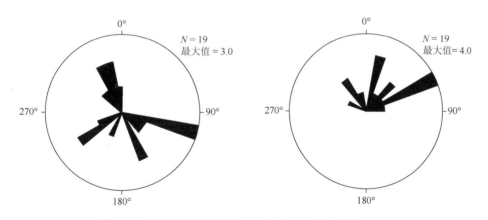

图 3-19　断层倾向玫瑰花图（左）和走向玫瑰花图（右）

3.4　十万大山盆地岩浆与热液活动

盆地内部岩浆活动不强烈，仅于盆地西南部有晚三叠世早期板八组（T_3b）中酸性火山岩，其岩性以浅灰绿色流纹斑岩为主，上部为珍珠岩、凝灰熔岩、凝灰岩。东部有晚白垩世（K_2）流纹岩等；其次是侵入 K_1、J_3 的辉绿岩脉、二长岩脉以及石英斑岩、石英脉、重晶石脉等。热液活动表现在断裂构造有硅化，形成大的硅化带以及 Cu、Pb、Zn、Hg 等金属矿化现象。

第4章　十万大山盆地沉积相特征

4.1　沉积相研究方法

4.1.1　基础地质资料分析

"将今论古"的类比法是沉积学研究的核心思想,应用现代沉积调查建立起来的沉积模式,类比和预测古代同类环境沉积的储层特性,是目前储层沉积学研究较直接和有效的方法之一。而野外露头的研究则是采用写实的对比法,只有对野外的露头进行详细观测,才能更正确地认识客观的储集体,并进行定量的描述和预测(裴伟楠,1990;于兴河和李胜利,2009)。当在一定的区域范围内对某一地层单位进行沉积相分析或者对一个沉积盆地所有的地层依次进行沉积体系和沉积环境分析时,首先都应从最基础的地质工作开始,尤其是要重视野外露头的调查分析,研究沉积岩层本身的性质,诸如成分、颜色、结构、沉积构造、分选性、组成颗粒的特征(圆度、球度、表面微观特征)、剖面结构特征(如向上变细或向上变粗,交互层等),分析出岩相特征。同时也应仔细研究岩层中所含的各种生物化石的特征,尤其是生态特征,它可以更多地反映古生物的生存环境。这里所讲的化石也包括遗迹化石,在许多情况下,生物遗迹化石更为常见,其重要性也已为人们所共知。这些工作主要依靠大量的野外露头和钻孔岩心。如果在覆盖严重、露头稀少、钻孔少的地区进行沉积相分析,就必须结合地球物理方法。大量的实践证明,应用野外露头、钻孔岩心的地质相分析与地球物理结合的沉积相、沉积体系分析方法最为有效,可以大大弥补单一相分析中存在不精确和可靠性较低的缺点,可以更加准确、比较客观地重塑自然界地质作用的过程。基础地质资料分析是本次沉积相研究采用的主要方法。

4.1.2　地球物理测井资料分析

利用测井资料分析沉积环境和沉积相,是一种快速、便捷而有效的方法,为判断沉积环境提供依据,已成为沉积相识别的相标志之一(朱静,2013)。

测井资料的地质解释和应用是测井技术系统的输出,测井数据处理成果并不是最终的地质解释,而是对经过信息还原的数据处理成果以及来源于测井与非测井两大体系信息成果进行的综合决策和分析,这样才能为解决地下地质问题提供尽可能正确的答案。因此,在测井沉积学研究中,与其他地质资料相比,测井资料具有信息量大、纵向连续、横向对比性好以及资料获取时间短和成本低等特点,测井沉积学研究的关键是测井资料中所包含的沉积学信息的提取(尹寿鹏和王贵文,1999)。

因测井资料具有信息量大、数据连续、垂向分辨率高及成本低的优势，测井沉积学有良好的发展潜力。可以把测井沉积学成果定位在辅助信息、辅助工具层次上，它对地质学家的研究可以起到少走弯路、节省投入的作用，达到事半功倍的效果（余继峰等，2010）。本书研究观察的 4 口钻孔中，测井数据较少，仅有伽马曲线（相当于自然伽马测井曲线），但因钻孔为铀矿勘探孔，伽马曲线已经不能作为划分相的依据。

4.1.3　地震资料分析

地震资料的分析是建立在地震沉积学（seismic sedimentology）的基础之上的，地震沉积学是继地震地层学和层序地层学之后出现的一门现代地震技术与沉积学相结合的新兴交叉学科，是基于高精度的地震资料、现代沉积环境和露头古沉积环境模式的联合反馈，以识别沉积单元的三维几何形态、内部结构和沉积过程为主要目的的方法体系。1998 年曾洪流等（Zeng et al.，1998）首次提出了"地震沉积学"的概念，将其定义为"利用地震资料来研究沉积岩及其形成过程的一门学科"，标志着地震沉积学的诞生。之后也有学者提出了不同的概念（林承焰和张宪国，2006；Posamentier，2009），但总体上，地震沉积学的主要研究内容是将三维地震的地球物理解释技术与沉积学研究相结合，侧重于刻画沉积体系的平面展布、空间形态及其演化过程，地震岩石学和地震地貌学组成了地震沉积学的核心内容（林承焰和张宪国，2006）。与传统的地震地层学不同，地震沉积学除了利用盆地规模的地震反射振幅、连续性、内部结构和外部形态以及地震反射终止关系来进行层序和地震相的研究工作外，更为重要的是利用三维地震资料，进行地震属性处理和沉积体形态解释，有效地识别薄层沉积砂体，在油藏规模上精细研究薄层砂体。这有望解决四至五级层序的沉积相的问题，对于我国陆上薄互层储层的研究比较实用（杨帅等，2014）。本书研究未涉及地震资料的分析和处理。

4.1.4　地球化学资料分析

现今地球化学方面的研究，也可用于划分地层，分析沉积相，并探讨成因机理。我国在 20 世纪 60 年代初期曾做过此方面的工作，使用光谱分析（spectrum analysis）研究地层中的痕量元素，以探讨沉积环境并分析对于形成油气的潜力。只是当时条件有限，未能广泛使用。近年来，随着地球化学技术的新发展，人们又开始重视起来。利用元素地球化学划分沉积相有个重要的先决条件，即该参数的分布规律必须主要受沉积环境控制。但事实上，沉积岩中元素的分布与岩石形成过程中的每个环节都有密切关系。从母岩岩性、风化强度、搬运作用、沉积方式，直至成岩、后生变化等每一过程都会使岩石中各元素含量发生相应变化。然而，不同元素的地球化学性质不同，各环节对其影响的程度也不同。所以，充分利用这一点，并结合物源区母岩特点，合理选择地球化学指标，是可以用于沉积相分析的。为了指明风化强度的影响，均运用泥岩样品进行分析，并且运用那些与内生环境密切相关，而表生条件下地球化学性质差别较大，并能明显发生分异的元素时，以它们的比值作为分析沉积环境的指标（陈欢庆，2006）。

4.1.5　综合分析的方法

研究古代沉积相和沉积体系，需使用各种手段，也就是综合方法，而不是依赖于某一种新方法，从多方面进行分析，重塑当时的古地理环境（田军，2005；杨克文，2009；谭晨曦，2010；张春明，2012）。事实上，由于自然环境的复杂性和各种地质作用之间的相互作用与影响，对地层记录的认识很不容易，需要考虑的因素很多，绝不可片面、主观。要掌握所用的各种方法，就必须随时吸收新的成果来充实并取代过时的知识。沉积环境和沉积相研究是地质学中一门综合性很强的分支学科，需要大量的实际资料做基础。

4.2　沉积相确定的标志

相标志是指能反映沉积相的一些标志，包括岩性标志、古生物标志、地球物理标志及地球化学标志等，现就研究区的反映沉积相类及特征的有关相标志分别介绍如下。

4.2.1　岩性标志

1. 颜色

沉积岩的颜色是沉积岩最醒目的标志，它与自身的成分和形成环境密切相关，是鉴别岩石、划分和对比地层、分析判断古地理、古环境的重要依据之一，是进行沉积相初步判断的有利标志。

沉积岩的颜色按其成因可分为 3 类：继承色、自生色和次生色，其中对我们进行沉积相判断有帮助的主要为继承色和自生色，二者统称为原生色。沉积岩的原生色取决于沉积物的碎屑颗粒的颜色和沉积物沉积成岩过程中自生矿物的颜色，这些颜色的呈现源于有机质和铁质化合物的综合作用，这二者在不同的环境下形成的岩石具有不同的颜色反映。

十万大山盆地侏罗系地层粗砂岩及中、细砂岩颜色比较复杂，有红色、灰色、灰褐色、黄灰色及红灰色等多种颜色（图 4-1、图 4-2、图 4-3、图 4-4、图 4-5），总体来讲，在井下，这些岩石的颜色以灰色为主，而在地表剖面中，颜色则以红色及黄褐色为主。砂岩颜色复杂可能和砂岩渗透性相对较好、深部还原性流体在不同的地方对砂体有不同程度的还原有关联，在野外或钻孔岩心还能看到局部还原的现象（图 4-6），因此，砂岩的颜色是以次生色为主，对判断沉积环境意义不大。

泥岩则主要以紫红色为主，在井下可见少量灰色泥岩。泥岩沉积后会被迅速压实，其渗透性会迅速降低，一般不易受到外来流体的影响，因此泥岩的颜色通常都保留自身沉积时的颜色，尤其是大套厚层的泥岩。研究区侏罗系地层泥岩主要以红色为主，反映了十万大山盆地侏罗系地层沉积时期主要为干旱的氧化环境。

图 4-1　紫红色砾岩、粗砂岩（新棠，J_1b）

图 4-2　红灰色细砂岩（新棠，J_2n）

图 4-3　灰褐色细砂岩（扶隆，J_3d）

图 4-4　灰色中砂岩（ZK816，383m）

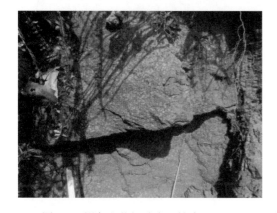

图 4-5　褐色斑状细砂岩（扶隆，J_3d）

图 4-6　红色泥岩，局部被还原（ZK816，304m）

2. 岩石类型

根据研究区钻孔岩心观察，宏观上研究区侏罗系碎屑岩主要由含砾粗砂岩（图 4-7）、中砂岩（图 4-8）、细砂岩（图 4-9）、粉砂岩（图 4-10）、泥岩及各种过渡型砂岩（图 4-11、图 4-12）等组成。以细砂岩、粉砂岩为主，泥岩含量相对较少，砂岩与泥岩呈互层状产出，砂岩单层厚度变化较大，从几十厘米到几十米不等，个别层位可达上百米。泥岩单层厚度一般为几米到几十米。

图 4-7　含砾粗砂岩（新棠，J_1b）

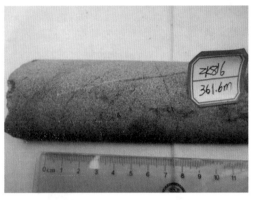

图 4-8　中砂岩（ZK816，361.6m，J_2n）

图 4-9　细砂岩（新棠，J_2n）

图 4-10　粉砂岩（扶隆，J_1b）

图 4-11　泥质粉砂岩（扶隆，J_2n）

图 4-12　粉砂质泥岩（ZK816，J_2n）

4.2.2　沉积构造标志

碎屑岩中的沉积构造，特别是物理成因的原生沉积构造最能反映沉积物形成过程中的水动力条件。研究区取心井段保存的沉积构造主要为流动成因的构造，这是分析和判断沉积相最为重要的标志。在野外及岩心观察中可见冲刷面、递变层理、平行层理、板状交错层理、沙纹交错层理、水平层理等。

1. 冲刷面

冲刷面是高流态下产生的一种层面构造，在地表可见明显的冲刷面（图 4-13）。因岩心体积小，在岩心中只能看到起伏平缓的冲刷面。冲刷面大都出现在河道底部，其上常见大量再沉积的泥砾。

2. 递变层理

递变层理是以碎屑组分颗粒的粒度递变为特征的层理，按上下变化规律可分为正粒序和逆粒序（图 4-14）。本区正粒序多见，逆粒序则相对较少。递变层理层系厚度一般为 5～50cm。其中正粒序多发育于河道及边滩沉积环境中，而逆粒序则多发育于湖面萎缩期的滨湖、浅湖环境中。

图 4-13　冲刷面（新棠，J_2n）　　　　图 4-14　递变层理（ZK9901，J_2n）

3. 平行层理

平行层理岩性以细粒砂岩、粉砂岩为主，纹层厚度一般在 0.5～1.0cm，由相互平行且与层面平行的平直连续或断续纹理组成（图 4-15），纹理可由植屑、岩屑或暗色矿物及颜色差异而显示，常形成于水浅流急的水动力条件下，主要见于较强水动力的河道和滨湖相沉积中。

4. 板状交错层理

板状交错层理岩性由灰色-浅灰色中、细粒砂岩组成，主要由大型的层系、上下界面平直的层理组成，呈板状，层系为15～20cm，厚度较稳定，纹层厚度为1.0cm左右，纹理呈连续、断续两种类型（图4-16），此类沉积构造主要出现在河道沉积的中上部或边滩沉积中。

图4-15　平行层理（扶隆，J_2n）　　　　图4-16　板状交错层理（ZK816，J_2n）

5. 沙纹交错层理

沙纹交错层理主要出现在粉砂岩、泥质粉砂岩中，是多层系的小型交错层理，层系下界面为微波形，纹层面不规则，呈断续或连续状，细层向一方倾斜并向下收敛（图4-17），层理面上见细小植物碎屑、碳屑和云母片，且常与平行层理、板状层理及小型交错层理共生，此类沉积构造可出现在河床沉积的上部，以及天然堤、洪泛平原、滨湖相中。

6. 水平层理

水平层理常见于泥岩、粉砂质泥岩中，单层厚度小，纹层相互平行并平行于层面（图4-18），常形成于浪基面之下或低能环境的低流态中，在物质供应相对不足的情况下，主要由悬浮物质缓慢垂向加积沉积而成，此类沉积构造主要发育于洪泛平原和浅湖环境中。

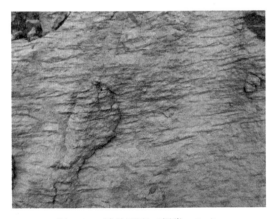

图4-17　沙纹层理（新棠，J_2n）　　　　图4-18　水平层理（ZK816，J_2n）

　　总之，不同的沉积构造可以出现在不同的沉积环境中（表 4-1），沉积构造是划分沉积相的重要依据。

表 4-1　沉积构造的沉积环境和成因简表（朱静，2013）

序号	类型		构造特征	岩性	出现环境	成因
A	层理构造	槽状交错层理		粉—细砂岩	层系底界面冲刷面明显、底部常有泥砾，多见于河流环境	河道下切充填时水流波痕迁移而成
B		板状交错层理		粉—细砂岩	大型板状层理在河流沉积中最典型	河道迁移时水流波浪迁移而成
C		浪成沙纹层理		泥质粉砂岩、粉砂岩	在海岸、陆棚、潟湖、湖泊等沉积环境	沙纹迁移而成，水动力条件较弱
D		爬升沙纹层理		泥质粉砂岩和粉砂岩	出现在河流的上部边滩及堤岸沉积、洪泛平原、三角洲及浊流沉积环境中	水流波浪冲击沙纹迁移而成，要有大量的悬浮物质沉淀
E		平行层理		细砂岩	一般出现在急流及高能量环境中，如河道、海（湖）岸和海滩等环境中	水动力强水浅流急
F	层理构造	水平层理		粉砂岩、泥岩	出现在深湖、浅湖相、前三角洲相的泥质沉积中	细粒沉积，水动力较弱
G		块状层理		粉—细砂岩、粉砂质泥岩、泥岩	河流洪泛期快速堆积形成的泥岩层；沉积物重力流快速堆积也可形成	静水环境快速沉积而成
H	同生变形构造	包卷层理		泥质粉砂岩、粉砂岩	在海相和湖相三角洲前缘中砂、泥互层的地层中常有发现	重力流作用或者差异压实作用
I		交形层理		粉—细砂岩		沉积物液化和泄水
J	侵蚀构造	冲刷面		粉—细砂层	分支河道和水下分支河道沉积的底部	河道底部冲刷、滞留沉积
K	生物成因构造	生物潜穴		粉砂质泥岩、泥岩	多分布于近岸浅水环境	生物居住或觅食而形成的孔穴

续表

序号	类型		构造特征	岩性	出现环境	成因
L	生物成因构造	生物扰动构造		泥岩	浅水、较深水、深水环境都有分布	生物居住或觅食而形成
M		植物根、植物叶片		粉砂质泥岩、泥岩		植物被埋藏于泥质沉积中

4.2.3　生物标志

十万大山盆地侏罗系地层生物标志不发育，在部分地层可见细小植物碎片，多已经碳化（图4-19），植物碎片主要分布在粉砂岩和泥质砂岩中，出现在滨湖、天然堤及洪泛平原等沉积环境中，另外还可见少量的生物遗迹化石（图4-20），主要出现在滨湖及浅湖或洪泛平原沉积环境中。

图4-19　碳化的植物碎片（新棠，J_2n）　　　图4-20　垂直地层的生物钻孔（新棠，J_2n）

4.2.4　剖面结构特征

剖面结构特征主要是根据沉积物粒度来进行分析，其理论依据就是不同的沉积环境期水动力条件的强度、稳定性以及沉积物的供给方面具有差异性。本书研究认为广西十万大山盆地侏罗系的剖面结构发育有3种类型，除了经典的向上变粗——正旋回型，向上变细——反旋回型之外，还有均一型旋回。

（1）正旋回型：此种剖面结构类型的典型特征为沉积物粒度自下而上由较粗粒逐渐变细（图4-21），如河流的河道沉积和三角洲的河道沉积环境，都表现为这一特点，由底部的底砾岩或者砂岩向上逐渐过渡为粉砂岩或者泥岩沉积，同时期层理构造也由底部的反映强水动力条件的平行层理、斜层理向上转变为水平层理、沙纹层理。研究区这种类型的剖面主要出现在河道和边滩沉积中。

（2）反旋回型：反旋回型的粒度特点自下而上与上述正旋回型相反，表现为下细上粗的粒度特征（图 4-22），此种剖面结构以三角洲前缘的河口砂坝最为典型，另外在滨岸砂坝、决口扇等皆可见。它反映了水动力条件逐渐由弱变强或者表现为一个突发事件。研究区这种类型的剖面相对较少，主要出现在滨湖及浅湖沉积中。

图 4-21　正旋回型剖面（新棠，J_2n）　　　　图 4-22　反旋回型剖面（扶隆，J_2n）

（3）均一型：顾名思义，均一型的剖面结构就是在岩性剖面上其沉积物特征基本一致，粒度上没有大的变化。均一型可以体现为两种情况：一种为极端的水动力十分强，如多期次的河道叠加沉积，河道上部的堤岸沉积不发育，以大套的砂岩沉积为特征，层理类型上表现为反映强水动力的平行层理、斜层理或者块状层理为特征；另一种是水动力条件十分平缓，典型沉积如在浅湖环境中，其水动力十分弱，以泥岩或粉砂质泥岩沉积为特征，沉积构造主要以反映弱水动力的水平层理、沙纹层理为特征。研究区侏罗系该类型剖面相对发育，主要出现在滨湖、浅湖及洪泛平原沉积中。

因此，不同的沉积环境其产物特征不同，因而剖面结构也不同，这也是划分沉积相的重要依据。

4.3　沉积相及沉积亚相

以上各相标志特征，共同指向了本区侏罗系地层主要发育了一套巨厚的曲流河相及湖相沉积。其中曲流河相沉积可识别出河道沉积、天然堤沉积、洪泛平原及边滩沉积四种微相，湖相沉积可划分为滨湖沉积和浅湖沉积两种亚相。因研究区湖相沉积以大范围的浅水沉积为主，物源供给相对比较充分，快速的沉积及波浪的改造作用使得河流进入湖区后的三角洲沉积物难以与滨湖亚相的沉积物区分开来，因此本书并未将三角洲相的沉积单独划出，而将其作为滨湖相的一部分来处理。

4.3.1　曲流河沉积

曲流河也称为蛇曲河，为单道河，河道较稳定，宽深比低，侧向侵蚀和加积作用使得河床向凹岸迁移，凸岸形成点砂坝。由于河道弯曲度大，常发生河道的截弯取直作用，曲流河道坡度较缓，流量稳定，搬运形式以悬浮负载和混合负载为主，故沉积物通常较细，一般为砂和泥沉积。因河道较固定，其侧向迁移速度慢，故洪泛平原和边滩沉积较发育（图 4-23）。研究区侏罗系地层河流相沉积可以识别出河道沉积、边滩沉积、天然堤沉积及洪泛平原沉积四种微相。

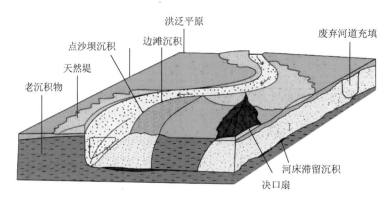

图 4-23　曲流河沉积模式及亚相划分（据 Allen，1964）

1. 曲流河河道

研究区内河道沉积较为普遍，主要集中在新棠地区。河道沉积物底部往往含砾石，向上逐渐变细，形成典型下粗上细的沉积序列（图 4-24）。总体而言，河道沉积物颗粒较粗，几乎不含泥质，是整个河流体系中颗粒最粗的沉积物。十万大山盆地侏罗系地层河道沉积物磨圆度较差，颗粒以棱角-次棱角状为主，颗粒成分复杂（图 4-25～图 4-28），以石英、长石为主，含有大量石英岩岩屑、泥岩岩屑、燧石岩屑及花岗岩岩屑。沉积物中方解石胶结严重，普遍比较致密。

2. 天然堤微相

该微相在曲流河沉积体系中较为发育，主要为细粉砂沉积，可见有植物根茎、虫孔等沉积结构。垂向序列上表现为下部砂岩，上部泥岩，泥岩发育有水平纹层，为弱水动力条件形成。天然堤砂体的粒度较细，同时在剖面结构上显示为正粒序结构，且在古河流沉积环境中往往是呈现为直接覆盖于边滩或河道微相之上（图 4-29），二者间为自然过渡接触，沉积物中往往含有一定量的泥质，薄片下有时可见碳化的植物碎片或根系（图 4-30、图 4-31）。

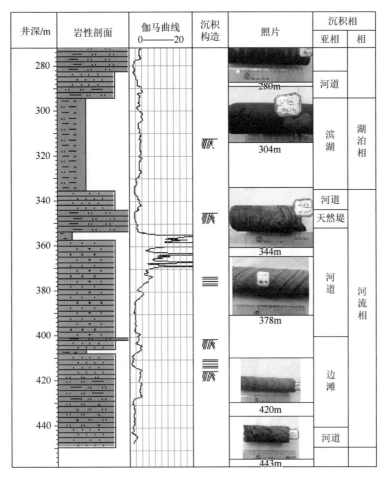

图 4-24　ZK816 典型河道沉积柱状图

图 4-25　河道沉积，细粒砂岩
［ZK816，361m，10×5（-）］

图 4-26　河道沉积，细粒砂岩
［ZK816，361m，10×5（+）］

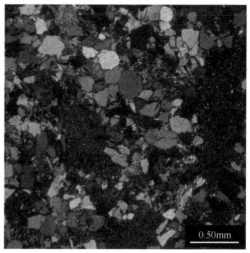

图 4-27　河道沉积，含砾细粒砂岩　　　　　　图 4-28　河道沉积，含砾细粒砂岩
　　[ZK816，449.6m，10×5（−）]　　　　　　　　[ZK816，449.6m，10×5（+）]

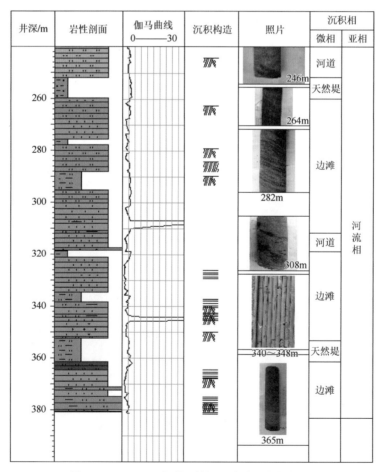

图 4-29　ZK9901 典型天然堤及边滩沉积柱状图

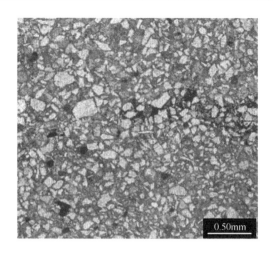
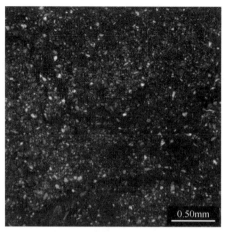

图 4-30　天然堤沉积，含泥细-粉砂岩　　　　　图 4-31　天然堤沉积，泥质粉砂岩
　［ZK9901，361.7m，10×5（-）］　　　　　　［ZK9901，90.9m，10×5（+）］

3. 边滩

　　边滩是曲流河中一种重要的沉积单元，一般发育在河道凸岸，覆盖在河道滞留砾石层或天然堤沉积之上（图 4-29），并向河道微微倾斜。该区边滩沉积物的岩性以细砂岩和粉砂岩为主，分选较好（图 4-32），可见砾屑，局部含少量泥质。其矿物成分复杂，成熟度低，不稳定组分多。平面上，点砂坝砂体往往呈线状或串珠状分布，单一边滩呈弯曲形，厚度由一侧向另一侧递变。边滩在发育过程中，水动力周期变化频繁，变化幅度较大，发育了多层理类型（图 4-33）。一般来说，下部层理类型主要是水流波痕成因的大中型槽状或板状交错层理，向上出现平行层理、水流沙纹层理和波状层理等，反映流态自下而上变小的趋势，这与粒度变化一致。

图 4-32　边滩沉积，岩屑砂岩，分选较好　　　　图 4-33　边滩沉积，下部槽状交错层理，
　［ZK9901，268.3m，10×5（+）］　　　　　向上变为平行层理［ZK216，369.5m］

4. 洪泛平原

洪泛平原在平面上分布于河道外侧（图4-23），在研究区内主要由紫红色泥岩和粉砂质泥岩组成（图4-34～图4-36）。泥岩中水平层理发育，生物扰动构造普遍，常含有钙质结核。洪泛平原主要发育在边滩的上部或天然堤的上部，其沉积往往较厚，厚度为10～80m，通常大于40m。

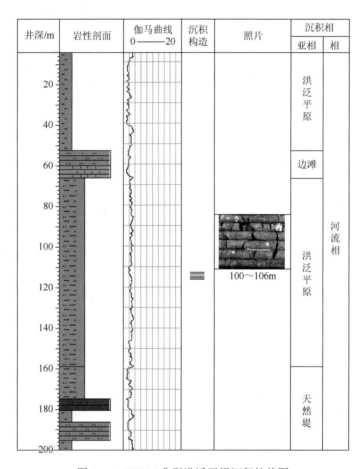

图4-34 ZK816典型洪泛平原沉积柱状图

4.3.2 湖泊沉积体系

十万大山盆地侏罗纪湖泊相沉积广泛分布，从下侏罗统汪门组到上侏罗统崇力组皆有发育。湖泊沉积一般以深湖沉积区为沉积中心，呈同心圆状向外依次为半深湖、浅湖及滨湖沉积。研究区由于湖盆面积较小、物源供给充分，主要沉积了滨湖亚相和浅湖亚相沉积（图4-37），在扶隆和新棠地区没有发现半深湖和深湖亚相沉积。研究区湖泊沉积物粒度普遍较细，以粉砂岩和泥质粉砂岩为主。

图 4-35　洪泛平原沉积，紫红色泥岩　　　图 4-36　洪泛平原沉积，粉砂质泥岩［ZK816，
　　　　　（ZK816，125～129m）　　　　　　　　　　　268.3m，10×5（－）］

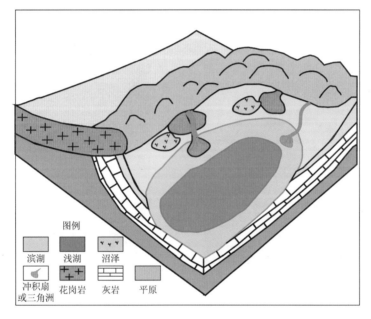

图 4-37　研究区湖泊相沉积模式

1. 滨湖亚相

滨湖亚相为研究区湖泊沉积相的主要类型，其平面上的位置处于洪水岸线与枯水岸线之间，宽度与洪水水位与枯水水位间的水位差和滨湖湖岸坡度相关。碎屑物质经过河流的搬运作用最先在该亚相开始了沉积过程，在该处的沉积物通常要接受河流与湖泊的双重改造作用，分选和磨圆相对较好，以细砂岩和粉砂岩为主，砂岩层中往往夹有薄层的泥岩（图 4-38～图 4-43）。沉积物总体以红色、黄褐色为主。

2. 浅湖亚相

浅湖亚相在平面上位于枯水期最低水位线至浪基面深度之间的这一个区域，夹于滨湖亚相和深湖亚相之间，由于该处水体仍然较浅，受湖浪的改造作用仍然较强，并且阳光充裕，含氧量高，各种动植物种类繁多。在垂向上与滨湖亚相沉积物间互出现，沉积物相比滨湖亚相更细，以粉砂岩和泥质粉砂岩为主（图4-40～图4-43）。

图4-38　滨湖相沉积，黄褐色粉砂岩（扶隆，J_1b）

图4-39　滨湖相沉积，黄褐色细砂岩，平行层理发育（J_2n）

图4-40　滨湖相沉积，粉砂岩，分选磨圆较好［扶隆，J_3d，10×5（－）］

图4-41　滨湖相沉积，细砂岩，分选及磨圆相对较好［J_1b，10×5（－）］

图4-42　浅湖相沉积，泥质粉砂岩［扶隆，J_3d，10×5（－）］

图4-43　浅湖相沉积，粉砂岩［扶隆，J_1b，10×5（－）］

4.4 沉 积 演 化

4.4.1 沉积相演化特征

根据对两条实测剖面（新棠剖面和扶隆-凤凰山剖面）及四口钻井的观察，早侏罗世时，扶隆地区百姓组是一套滨浅湖亚相沉积（图 4-44），新棠地区也以滨浅湖亚相沉积

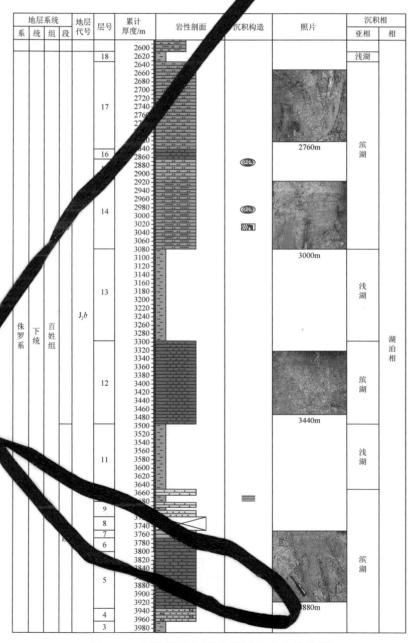

图 4-44   扶隆-凤凰山剖面百姓组沉积相柱状图

为主，局部可见河流相沉积（图4-45）；中侏罗世时，扶隆地区的那荡组仍然是一套滨浅湖亚相沉积（图4-46），而新棠地区那荡组则已经变为河流相沉积（图4-47）；到了晚侏罗世时，在扶隆地区岽力组沉积环境仍然没有发生变化，依然是一套滨浅湖亚相沉积（图4-48），而新棠地区岽力组则仍为河流相沉积（图4-49）。根据两条实测剖面及四口钻孔的观察，

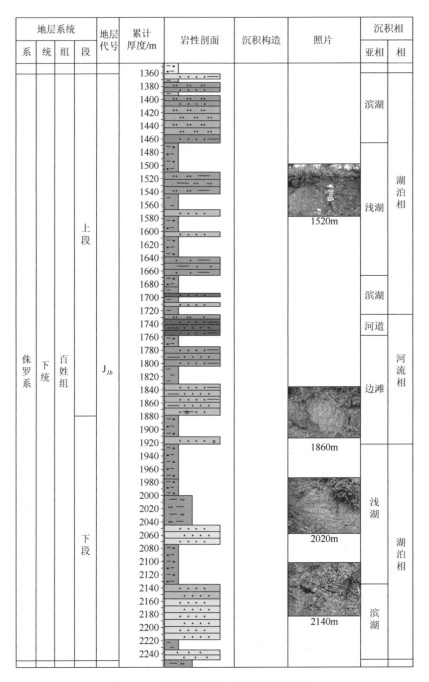

图 4-45　新棠剖面百姓组沉积相柱状图

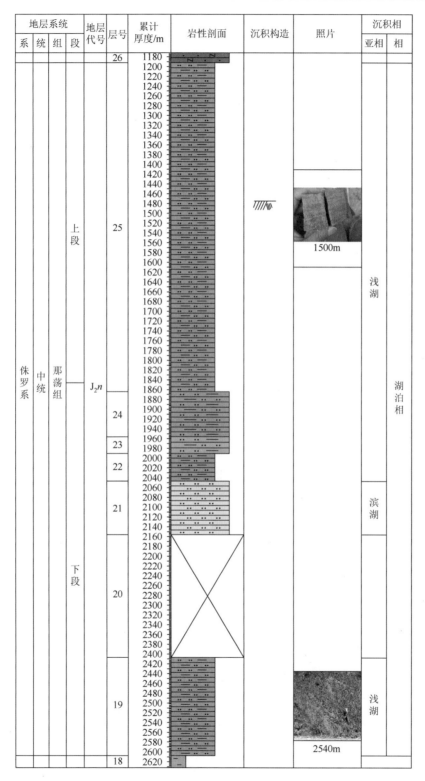

图 4-46　扶隆-凤凰山剖面那荡组沉积相柱状图

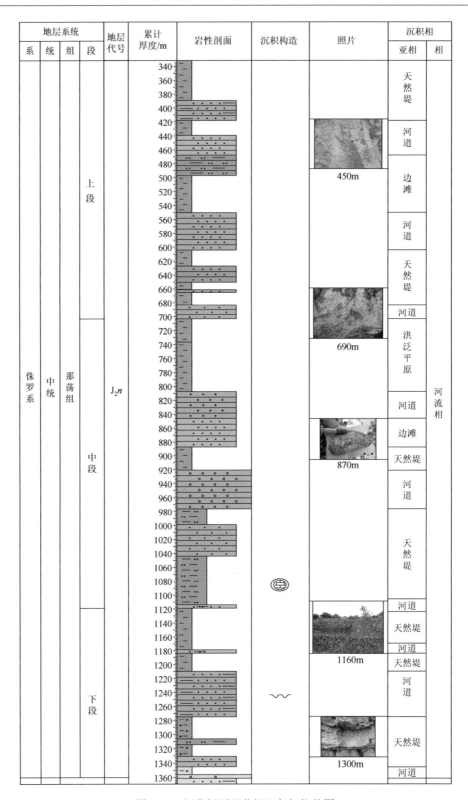

图 4-47　新棠剖面那荡组沉积相柱状图

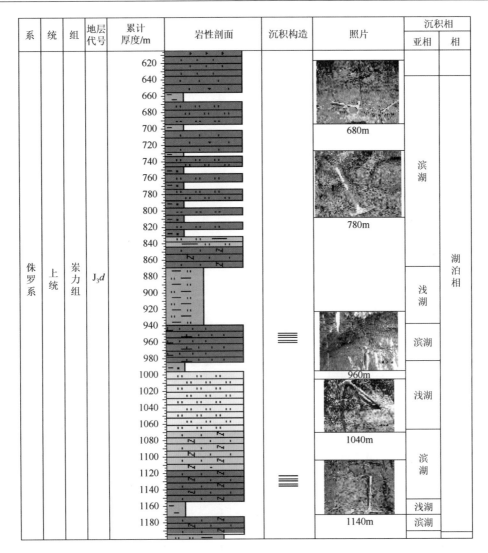

图 4-48　扶隆-凤凰山剖面崇力组下段沉积相柱状图

并参考了板油、那楠、鸡笼隘、板细、叫安、贵台、屯良、那陈、那敏及平况剖面，认为在早侏罗世，十万大山盆地有两个沉积中心，一个在盆地的西南部，以那楠为沉积中心，另一个在盆地的东北部，以新棠为沉积中心（图 4-50）；到了中侏罗世，湖盆面积扩大，两个沉积中心的水体合二为一，但整体向西南方向偏移（图 4-51）；到了晚侏罗世，湖盆面积整体缩小，又出现了两个相对较小的沉积中心，一个沉积中心仍然在那楠至凤凰山一带，另一个则移至那敏、新棠以北（图 4-52）。

1. 沉积柱状图对比

十万大山盆地在侏罗纪时期，中部和东部的沉积环境基本相同，因此，通过对比每一组岩性、沉积厚度，可以判断沉积环境变化。

从图 4-53 可知凤凰的剖面沉积厚度大于新棠,但岽力组和百姓组下段东部剖面略厚。

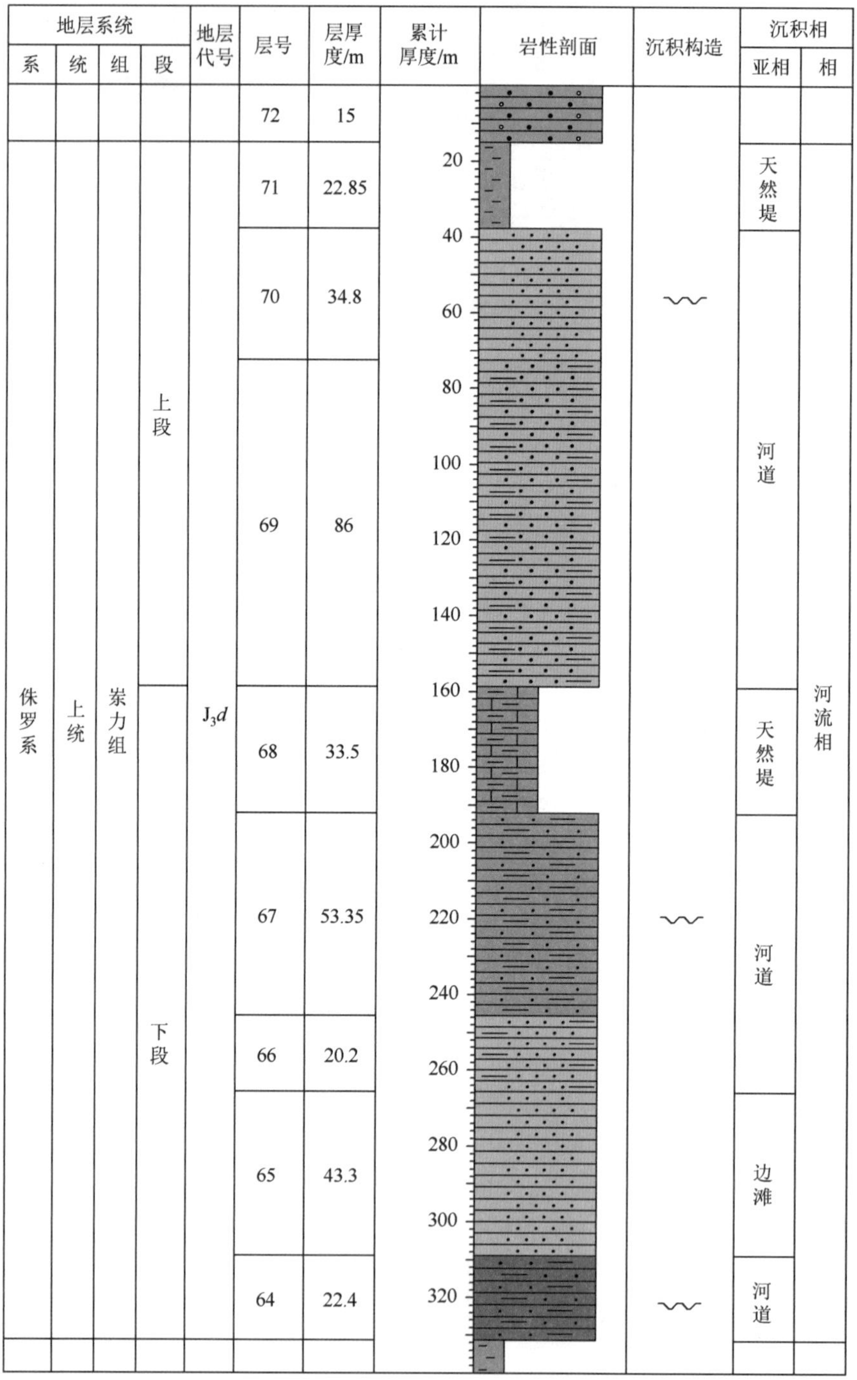

地层系统				地层代号	层号	层厚度/m	累计厚度/m	岩性剖面	沉积构造	沉积相	
系	统	组	段							亚相	相
					72	15					
侏罗系	上统	岽力组	上段	J_3d	71	22.85	20			天然堤	河流相
					70	34.8	40～60		～		
					69	86	80～140			河道	
					68	33.5	160～180			天然堤	
			下段		67	53.35	200～240		～	河道	
					66	20.2	260				
					65	43.3	280～300			边滩	
					64	22.4	320		～	河道	

图 4-49　新棠剖面岽力组沉积相柱状图

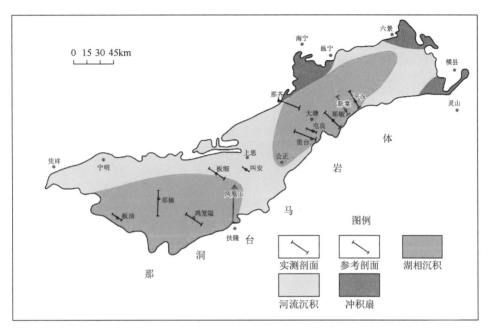

图 4-50　十万大山盆地下侏罗统百姓组沉积相平面图

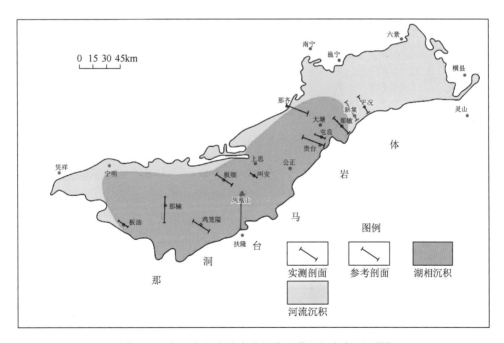

图 4-51　十万大山盆地中侏罗统那荡组沉积相平面图

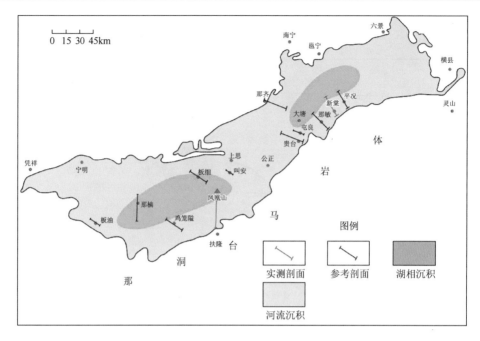

图 4-52　十万大山盆地上侏罗统岽力组沉积相平面图

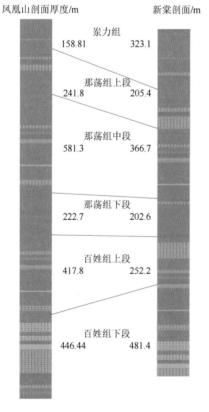

图 4-53　十万大山盆地中部和东部沉积柱状图

根据前人资料以及中、东部剖面的各组段岩性对比，可总结出 7 个特征。

（1）凤凰山地区和新棠地区主要是侏罗系地层，沉积连续，亦出露较全，红层厚度占地层总厚度的 65%～72%，为一套以红色层为主的陆相砂泥岩建造，应属红盆范畴。

（2）岩石粒度变化不大，除 J_2n^2 底部、中部等层位夹有少量的透镜状砂岩、含砾粗砂岩以外，主要是细粒砂岩，部分为中粒砂岩。

（3）红色层（紫红、紫、紫褐、灰紫色等）与浅色层（灰、灰白色等）相间发育，大部分砂岩为浅色，泥岩为红色。

（4）砂岩成分随层位不同而有明显区别：J_1b^1 主要为硅质石英砂岩；J_1b^2 岩屑多，为岩屑质石英砂岩；J_2n^1-J_2n^2 长石增多，岩屑以泥质岩屑为主，为岩屑泥质长石石英砂岩和长石砂岩；J_2n^3 除长石、岩屑较多外，钙质增多，普遍为岩屑钙质长石石英砂岩；J_3d 除以岩屑泥质石英砂岩为主外，上段尚有钙质长石石英砂岩，与 J_2n^3 砂岩相似。

（5）岩层厚度以 J_1b^1 及 J_3d 较稳定，J_2n 变化较大。

（6）冲刷构造发育，尤其 J_1b^2 下部、J_2n 及 J_3d 更为常见。大部分冲刷泥砾成分为下伏地层岩性，形态不规则，磨圆较好，可能经过了远距离的搬运。

（7）水平层理、微斜层理较普遍，大角度的单向斜层理少见。J_2n^3、J_3d 底部还见波状、马尾状层理。

2. 沉积环境对比

对十万大山盆地中部剖面及岩相类型进行归纳和总结，根据各岩相在垂向上的关系及平面上的分布（图 4-54），可识别出：早侏罗世，以湖相为主，有滨湖相、浅湖相和沼湖

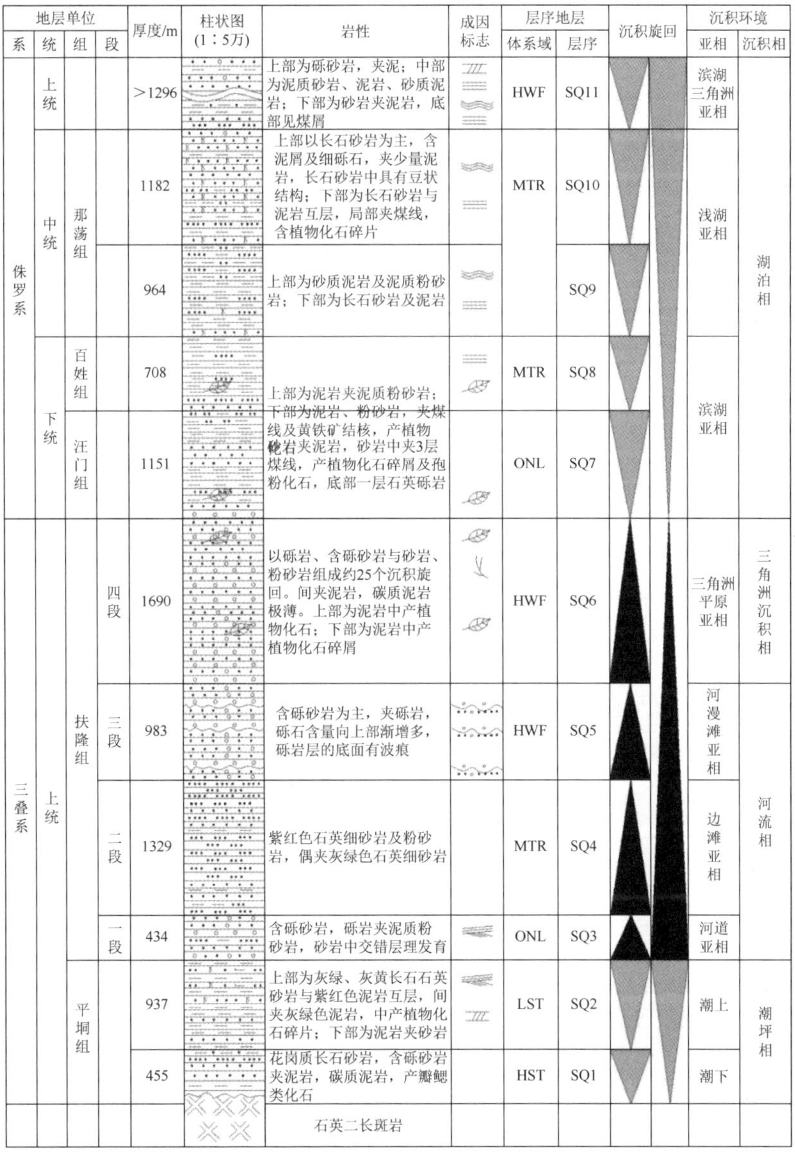

地层单位				厚度/m	柱状图 (1:5万)	岩性	成因标志	层序地层		沉积旋回	沉积环境	
系	统	组	段					体系域	层序		亚相	沉积相
侏罗系	上统			>1296		上部为砾质砂岩，夹泥；中部为泥质砂岩、泥岩、砂质泥岩；下部为砂岩夹泥岩，底部见煤屑	HWF	SQ11		滨湖三角洲亚相	湖泊相
	中统	那荡组		1182		上部以长石砂岩为主，含泥屑及细砾石，夹少量泥岩，长石砂岩中具有豆状结构；下部为长石砂岩与泥岩互层，局部夹煤线，含植物化石碎片	MTR	SQ10		浅湖亚相	
				964		上部为砂质泥岩及泥质粉砂岩；下部为长石砂岩及泥岩		SQ9			
	下统	百姓组		708		上部为泥岩夹泥质粉砂岩；下部为泥岩、粉砂岩，夹煤线及黄铁矿结核，产植物化石	MTR	SQ8		滨湖亚相	
		汪门组		1151		砂岩中夹3层煤线，产植物化石碎屑及孢粉化石，底部一层石英砾岩	ONL	SQ7			
三叠系	上统	扶隆组	四段	1690		以砾岩、含砾砂岩与砂岩、粉砂岩组成约25个沉积旋回。间夹泥岩，碳质泥岩极薄。上部为泥岩中产植物化石；下部为泥岩中产植物化石碎屑	HWF	SQ6		三角洲平原亚相	三角洲沉积相
			三段	983		含砾砂岩为主，夹砾岩，砾石含量向上部渐增多，砾岩层的底面有波痕	HWF	SQ5		河漫滩亚相	河流相
			二段	1329		紫红色石英细砂岩及粉砂岩，偶夹灰绿色石英细砂岩	MTR	SQ4		边滩亚相	
			一段	434		含砾砂岩，砾岩夹泥质粉砂岩，砂岩中交错层理发育	ONL	SQ3		河道亚相	
		平垌组		937		上部为灰绿、灰黄色石英砂岩与紫红色泥岩互层，间夹灰绿色泥岩，中产植物化石碎片；下部为泥岩夹砂岩	LST	SQ2		潮上	潮坪相
				455		花岗质长石砂岩，含砾砂岩夹泥岩，碳质泥岩，产瓣鳃类化石	HST	SQ1		潮下	
						石英二长斑岩					

图 4-54　十万大山盆地沉积环境与沉积相

相；中、晚侏罗世以滨湖三角洲相为主。在三角洲前缘相中，形成很多支流砂坝（砂体），这些砂体呈透镜状或串珠状，长 150~200m，一般为 300~500m，厚度一般为 7~15m。砂体内既有较多的斜层理，也有水平层理及马尾状层理。砂体的岩性为暗灰色含有机质含泥砾钙质胶结岩屑长石石英砂岩，富含胶状黄铁矿。

4.4.2 地层砂泥比特征

砂泥比指砂岩与泥岩在沉积剖面中的厚度比值，通常用来判断研究区沉积相。同时，砂泥比也是判断砂岩型铀矿的重要参数（金景福和黄广荣，1992）。本书对两个实测剖面的砂泥比进行了统计（表 4-2、表 4-3）。凤凰山剖面百姓组下段砂岩总厚为 149.90m，最厚砂岩厚 131.97m，泥岩总厚为 289.50m，最厚泥岩厚 61.52m，砂泥比为 0.52；新棠剖面百姓组下段泥岩总厚 374.65m，最厚泥岩厚 185.17m，砂岩总厚为 74.00m，最厚砂岩厚 36.00m，砂泥比约为 0.20。凤凰山剖面与新棠剖面：百姓组上段砂泥比分别为 2.20 和 0.62，那荡组下段砂泥比分别为 0.12 和 0.66，那荡组中段砂泥比分别为 0.13 和 1.36，那荡组上段砂泥比分别为 0.38 和 1.58。总体看来，新棠剖面那荡组有更有利的砂泥比。

表 4-2 扶隆-凤凰山剖面出露地层各组段砂泥岩厚度及砂泥比

	百姓组下段（J_1b^1）	百姓组上段（J_1b^2）	那荡组下段（J_2n^1）	那荡组中段（J_2n^2）	那荡组上段（J_2n^3）
泥岩总厚/m	289.50	117.73	199.60	324.50	169.50
最厚泥岩厚/m	61.52	35.70	70.20	86.00	38.30
砂岩总厚/m	149.90	259.36	23.20	42.60	64.40
最厚砂岩厚/m	131.97	78.45	9.00	25.00	27.57
砂泥比	0.52	2.20	0.12	0.13	0.38

表 4-3 新棠剖面出露地层各组段砂泥岩厚度及砂泥比

	百姓组下段（J_1b^1）	百姓组上段（J_1b^2）	那荡组下段（J_2n^1）	那荡组中段（J_2n^2）	那荡组上段（J_2n^3）
泥岩总厚/m	374.65	168.20	66.00	128.60	79.50
最厚泥岩厚/m	185.17	85.30	36.10	51.00	35.50
砂岩总厚/m	74.00	104.30	43.30	174.70	125.90
最厚砂岩厚/m	36.00	33.10	32.90	101.00	60.20
砂泥比	0.20	0.62	0.66	1.36	1.58

4.4.3 地层地球化学特征

沉积岩是地球的重要组成部分，其成分与沉积环境、地壳的发展历史密切相关。沉积物中的某些元素，如微量元素及稀土元素，可定量存在于搬运物中，并在沉积作用中有规律地沉积、分布和富集,它们在研究沉积环境、沉积特点和物源分析等方面具有重大意义。

沉积岩中的微量元素和稀土元素的分布、分配与其形成环境密切相关,其中一些元素的赋存状态还受到成岩后生作用的影响。因此,微量元素和稀土元素的含量,特别是某些相关元素含量的比值已成为判别沉积环境、沉积物特征和物源区构造的良好标志。

1. 微量元素对比分析

微量元素分析是地球化学研究中的重要环节,对沉积岩中的微量元素进行研究可以识别地球化学过程。本书以凤凰山和新棠剖面为代表,进行微量元素分析,每条剖面各选取10 个样品,共测得 Li、Be、V、Cr、Co、Ni 等 28 种微量元素,通过微量元素原始地幔标准化蛛网图来对比现今剖面各种元素相对于原始地幔的亏损状况,不同元素在同一剖面的分布情况,不同样品中各元素的相对差异以及在不同的岩层组段各元素的分布和相对差异。

1) 微量元素原始地幔蛛网图对比

凤凰山剖面微量元素分析结果见表 4-4,微量元素标准化蛛网图如图 4-55 所示。

表 4-4　凤凰山剖面元素分析结果（$\times 10^{-6}$）及 $\omega(\mathrm{Ni})/\omega(\mathrm{Co})$

样品名	岩性	Rb	Ba	Th	U	Ta	Nb	La	Ce	Sr	Nd	Zr	Hf	Sm	Y	Yb	Lu	$\omega(\mathrm{Ni})/\omega(\mathrm{Co})$
P1B4-4	浅黄色长石石英砂岩	46.60	461	5.21	1.35	0.425	5.52	24.1	37.4	318	20.6	58.2	1.75	3.41	11.9	1.12	0.169	1.92
P1B9-1	紫褐色泥质粉砂岩	79.70	706	12.10	3.32	0.992	14.10	88	102	108	69.1	152	4.68	10.90	35.5	2.65	0.384	1.46
P1B14-1	紫红色泥质粉砂岩	126	611	13.70	3.42	1.39	17.40	59.2	108	32.2	51.6	148	4.51	9.42	39.6	3.41	0.543	3.04
P1B20-1	紫红色粉砂质泥岩	205	1063	19.20	4.27	1.66	20	199	284	82.9	126	158	5.13	22.50	56.1	5.35	0.76	2.64
P1B29-1	灰黄色泥质粉砂岩	64	151	9.62	4.65	0.869	9.97	21.8	22.3	11.0	18.4	142	4.23	3.70	24.6	2.4	0.363	1.98
P2B2-1	灰绿色细砂岩	9.58	33	4.12	1.41	0.379	4.18	11.7	20.1	15.8	8.61	71.2	2.27	1.24	5.97	0.73	0.109	1.77
P2B8-1	紫红色粉砂岩	68.80	196	11.70	8.19	1.06	13.30	31.5	60.9	49.1	28.5	204	6.64	5.70	22.5	2.53	0.387	1.31
P2B20-1	紫红色粉砂岩	82.20	301	11.70	3.48	1.08	14.40	46.1	87.5	33.6	37.3	141	4.47	6.91	21.8	2.52	0.374	2.11
P3B8-1	灰黄色粉砂岩	57.20	527	8.26	2.00	0.846	10.80	55.8	78.7	168	44.5	94.2	2.69	7.17	30.3	2.74	0.39	1.84
P3B24-1	灰岩	108	558	12.40	13.1	0.906	12.00	66	128	88.3	64.8	142	4.64	11.70	27.5	2.97	0.43	4.00
NQ-06	花岗岩	224	892	25.70	5.49	1.09	11.20	47.4	86.2	84.2	39.5	65	2.68	7.84	40.8	3.68	0.49	/
NQ-100	花岗岩	245	801	23.40	4.70	1.06	10.90	45.5	81.4	93	37.9	58	2.38	7.81	55.1	4.96	0.61	/
NQ-115	花岗岩	223	1046	23.30	4.66	1.17	14.20	48.1	85.6	96.9	39.7	73.3	2.43	7.73	38.6	3.86	0.50	/

注: 由核工业北京地质研究院分析测试中心测试。

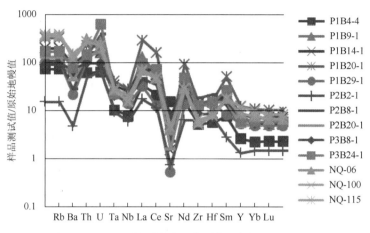

图 4-55 凤凰山剖面微量元素原始地幔标准化蛛网图

从图 4-55 可以看出，除 Sr 元素之外各元素相对于原始地幔都出现了富集。Sr 含量明显低于原始地幔，说明 Sr 出现了亏损。U 的含量出现了峰值，这可能与十万大山盆地是一个侏罗系地层产铀盆地有密切关系，与 U 相关的 Th、Rb 等元素含量均较高。各个样品的元素变化趋势基本一致，这说明凤凰山—百姓一带的沉积物物源基本相同。P2B2-1 的各元素含量普遍都低于其他样品的含量，这可能与该地的早期环境有关，也可能与后期的环境改变及风化作用等因素有关。另外，相比于花岗岩样品，剖面各样品表现出的变化趋势基本一致，这表明该地区的沉积物质来源可能与早期花岗岩风化有一定的关系。从图 4-55 还可以看出，凤凰山地区大离子亲石元素相对富集，高场强元素相对亏损，Nb、Ta 亏损，大致保留了花岗岩的地球化学特征。由此可以推断，凤凰山剖面沉积物物源主要来自花岗岩。

从新棠剖面的微量元素分析结果（表 4-5）和微量元素原始地幔标准化蛛网图（图 4-56）可以看出，样品中各元素的含量基本上都高于原始地幔，个别样品中 Sr 的含量低于原始地幔中的含量，出现了亏损，可能与该地区的沉积环境有一定关系。另外，所有样品的各元素含量变化趋势基本一致，说明地层形成时沉积环境较稳定。与 U 相关的元素含量较高，这可能与高铀背景的物源有一定关系。

表 4-5 新棠剖面元素分析结果（$\times 10^{-6}$）及 $\omega(\mathrm{Ni})/\omega(\mathrm{Co})$

样品名	岩性	Rb	Ba	Th	U	Ta	Nb	La	Ce	Sr	Nd	Zr	Hf	Sm	Y	Yb	Lu	$\omega(\mathrm{Ni})/\omega(\mathrm{Co})$
P4B6-1	灰褐色石英砂岩	79.2	621	10.7	2.59	0.621	7.20	23.7	42.9	18.2	19.5	85.5	2.8	3.63	13.7	1.4	0.211	1.49
P4B10-1	紫红色泥质粉砂岩	123	383	12.1	3.12	0.948	12.40	33.0	62.1	92.7	28.5	112	3.55	5.39	24.3	2.53	0.39	1.82
P4B14-1	紫红色粉砂岩	105	350	11.3	3.28	1.030	13.40	35.1	64.5	88.5	32.3	146	4.59	5.98	25.7	2.64	0.408	2.88
P4B23-1	灰褐色石英砂岩	70.3	233	11.4	3.29	0.826	10.80	33.7	63.9	59.2	28.5	177	5.49	5.07	20.6	2.37	0.346	1.93
P4B32-1	紫红色泥质粉砂岩	118	533	13.0	2.76	1.210	16.20	42.4	74.5	121	36.5	129	4.17	6.85	29.1	2.7	0.406	3.77

续表

样品名	岩性	Rb	Ba	Th	U	Ta	Nb	La	Ce	Sr	Nd	Zr	Hf	Sm	Y	Yb	Lu	$\omega(Ni)/\omega(Co)$
P4B37-1	紫红色泥质粉砂岩	148	675	14.3	2.69	1.300	18.50	41.8	78.0	97.9	35	123	3.7	6.32	20.1	2.4	0.342	2.19
P4B48-3	紫红色泥质粉砂岩	124	7142	17.0	6.79	1.380	16.50	31.4	199	13.1	27.3	142	4.65	5.25	24	2.52	0.375	0.40
P5B17-1	灰黄色砂岩	28.6	75.1	4.41	1.23	0.679	6.15	15.2	25.7	18.4	10.4	70.9	2.14	1.32	4.01	0.63	0.095	1.64
P5B6-2	灰黑色泥质粉砂岩	186	487	16.3	3.55	1.160	14.30	53.1	86.5	75.1	41.6	125	3.89	8.57	38.7	4.1	0.593	1.90
P5B2-1	灰褐色石英砂岩	4.83	34.7	2.7	0.68	0.256	3.38	12.6	19.2	24.9	9.08	32.2	0.98	1.54	4.64	0.45	0.06	0.71
NQ-06	花岗岩	224	892	25.7	5.49	1.090	11.20	47.4	86.2	84.2	39.5	65	2.68	7.84	40.8	3.68	0.49	/
NQ-100	花岗岩	245	801	23.4	4.7	1.06	10.9	45.5	81.4	93	37.9	58	2.38	7.81	55.1	4.96	0.611	1.63
NQ-115	花岗岩	223	1046	23.3	4.66	1.17	14.2	48.1	85.6	96.9	39.7	73.3	2.43	7.73	38.6	3.86	0.498	2.10

注：由核工业北京地质研究院分析测试中心测试。

从图 4-56 还可以看出，新棠地区大离子亲石元素相对富集，高场强元素相对亏损，Nb、Ta 亏损，大致保留了花岗岩的地球化学特征。由此可以推断，新棠剖面沉积物物源主要来自花岗岩。

另外，P4B48-3 样品中 Ba 的含量高出平均值，高达 7142×10^{-6}，显著高于其他样品。P5B17-1 和 P5B2-1 两个样品各元素的含量则低于其他样品，甚至 Sm、Y、Yb 和 Lu 相比原始地幔出现了亏损，这说明该地区后期遭受了风化等作用导致元素含量差异。

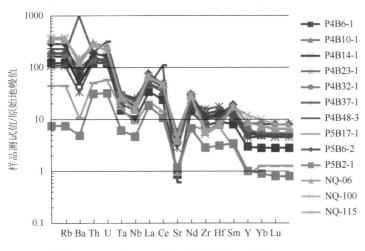

图 4-56　新棠剖面微量元素原始地幔标准化蛛网图

从整体上看，两条剖面的微量元素相对于原始地幔的变化大体一致，对应各元素的含量是逐渐降低的，Ba、Nb 和 Sr 出现了降低，Sr 出现了亏损，凤凰山剖面各元素的整体含量略高于新棠剖面，新棠剖面各元素的相对差异略小。相比于花岗岩样品，各元素的含量基本可以保持一致，这说明该地区的沉积物源与花岗岩有一定的关系。

通过图 4-55 和图 4-56 可以看出，各样品中元素的含量基本是一致的，这说明了两地的沉积环境基本一致，物源也都基本上一致，物源主要来源于东南部的台马岩体、那洞岩体的花岗质基底，部分样品的元素（Sr）含量出现了异常，这有可能与该地区地层形成以后的表生作用、构造活动及热液活动有关系。另外，一些元素相比原始地幔出现了亏损，这可能是元素风化迁移所致。U 及其相关元素（Th、Rb、Nb、La 和 Nd）的含量均较高，这可能与物源区高背景的铀有一定的联系。

2）$\omega(Ni)/\omega(Co)$

$\omega(Ni)/\omega(Co)$ 能较好地反映沉积环境的氧化还原特征。由于 Co 在氧化环境中相对富集，造成 $\omega(Ni)/\omega(Co)$ 较小，在还原环境中 $\omega(Ni)/\omega(Co)$ 较大，一般认为，$\omega(Ni)/\omega(Co) < 2.5$ 为氧化环境，$\omega(Ni)/\omega(Co)$ 为 2.5～5 为缺氧（还原）环境，而 $\omega(Ni)/\omega(Co) > 5$ 为贫氧环境（Jones et al.，1994；曾春林等，2009）。

据图 4-57 和表 4-4、表 4-5 可以看出，$\omega(Ni)/\omega(Co)$ 多数是小于 2.5 的，两地的 $\omega(Ni)/\omega(Co)$ 变化趋势有一定的相似性，个别样品出现了大于 3 的情况，可能与当时的沉积环境处于相对还原状态有关系。总的来说两条剖面的沉积环境基本上是相同的，都属于氧化环境，局部为还原环境。

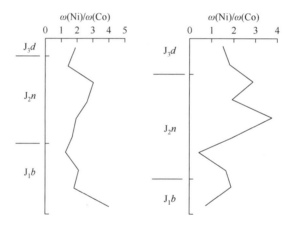

图 4-57　凤凰山剖面（左）和新棠剖面（右）$\omega(Ni)/\omega(Co)$ 对比图

2. 稀土元素分析

稀土元素（rare earth elements，REE）通常不活泼，是沉积过程中变化不大的一组元素。母岩中稀土元素的丰度和物源区风化条件是沉积物中稀土元素富集的重要控制因素，搬运、沉积和成岩期间的同生和后生过程对沉积物中稀土元素影响较小。稀土元素是沉积岩中的重要组成部分，在风化、搬运过程中，可以被搬运到沉积岩中，分配也不受影响，所以是反映母岩物质的重要标志。在细粒陆源沉积岩中，稀土元素的含量比大多数砂岩、碳酸盐岩都高得多。因此，细粒沉积岩中的稀土元素地球化学特征含有了上地壳发展演化的大部分信息。稀土元素分析结果及参数见表 4-6 和表 4-7。

1）稀土元素球粒陨石标准化配分模式图

对十万大山盆地中部和东部两条剖面，每条剖面选取了 10 组典型样品，分析测试了样品中的稀土元素含量，通过稀土元素球粒陨石标准化配分模式图来对比两条剖面各元素的含量变化、不同样品之间各稀土元素的含量差异及不同层位各稀土元素之间的差异，最后讨论中部和东部沉积环境的异同及其演化发展过程。

从表 4-6 和图 4-58 中可以看出，凤凰山剖面各组样品的稀土元素总量 $\sum REE$ 为 $48.5 \times 10^{-6} \sim 722.9 \times 10^{-6}$，均值是 243.4×10^{-6}，表明侏罗系地层中稀土元素的含量比较丰富，各组中轻稀土元素（light rare earth element，LREE）的总量为 $44.34 \times 10^{-6} \sim 673.4 \times 10^{-6}$，重稀土元素（heavy rare earth element，HREE）的总量为 $4.16 \times 10^{-6} \sim 49.47 \times 10^{-6}$，另外，$\delta Eu$ 为 $0.55 \sim 0.91$，都小于 1，呈现负异常，δCe 为 $0.52 \sim 0.95$，也都小于 1，呈负异常。LREE/HREE 大于 1，与 $(La/Yb)_N$ 基本一致，显示稀土形式是右倾的轻稀土富集。从 La 到 Lu，各元素的含量是呈下降趋势的，而 Eu 的含量出现显著降低，轻稀土元素的含量明显大于重稀土元素，各样品之间 La 元素的差值较大。

表 4-6　凤凰山剖面稀土元素分析结果（10^{-6}）及参数

样号	La	Ce	Pr	Nd	Sm	Eu	Gd	Tb	Dy	Ho	Er	Tm	Yb	Lu	Y	$\sum REE$	LREE/HREE	La_N/Yb_N	δEu	δCe
P1B4-4	24.1	37.4	5.6	20.6	3.4	0.9	2.7	0.4	2.1	0.5	1.1	0.2	1.1	0.2	11.9	100.4	11.1	15.4	0.9	0.8
P1B9-1	88.0	102.0	18.4	69.1	10.9	2.2	8.6	1.2	6.1	1.1	2.9	0.5	2.7	0.4	35.5	314.0	12.4	23.8	0.7	0.6
P1B14-1	59.2	108.0	13.4	51.6	9.4	1.9	8.1	1.4	7.1	1.3	3.5	0.6	3.4	0.5	39.6	269.5	9.4	12.5	0.6	0.9
P1B20-1	199.0	284.0	37.4	126.0	22.5	4.5	18.4	2.9	13.3	2.1	5.8	0.9	5.4	0.8	56.1	722.9	13.6	26.7	0.7	0.8
P1B29-1	21.8	22.3	4.7	18.4	3.7	0.8	3.4	0.7	3.8	0.8	2.2	0.4	2.4	0.4	24.6	85.7	5.1	6.5	0.6	0.5
P2B2-1	11.7	20.1	2.5	8.6	1.2	0.2	1.1	0.2	1.1	0.2	0.6	0.1	0.7	0.1	6.0	48.5	10.7	11.5	0.5	0.9
P2B8-1	31.5	60.9	7.3	28.5	5.7	1.1	4.3	0.8	4.2	0.8	2.3	0.4	2.5	0.4	22.5	150.6	8.6	8.9	0.6	1.0
P2B20-1	46.1	87.5	9.9	37.3	6.9	1.3	6.0	0.8	4.4	0.8	2.4	0.4	2.5	0.4	21.8	206.6	10.7	13.1	0.6	1.0
P3B8-1	55.8	78.7	12.1	44.5	7.2	1.8	6.3	1.1	5.8	1.1	2.8	0.5	2.7	0.4	30.3	220.7	9.7	14.6	0.8	0.7
P3B24-1	66.0	128.0	17.1	64.8	11.7	2.3	9.0	1.4	7.1	1.1	3.1	0.5	3.0	0.4	27.5	315.5	11.4	15.9	0.7	0.9

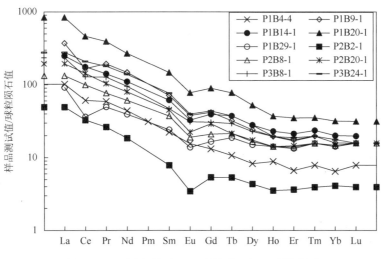

图 4-58　凤凰山剖面 REE 球粒陨石标配分模式图

从表 4-7 和图 4-59 中可以看出，新棠剖面各组样品的稀土元素总量∑REE 为 48.58×10^{-6}～287.03×10^{-6}，均值是 158.49×10^{-6}，表明侏罗系地层中稀土元素的含量比较丰富，各组样品中 LREE 的总量为 45.22×10^{-6}～270.42×10^{-6}，HREE 的总量为 3.37×10^{-6}～25.01×10^{-6}，另外，δEu 为 0.41～0.88，都小于 1，呈现负异常，δCe 为 0.78～0.93，基本都小于 1，呈负异常，但其中一个样品出现异常，远大于其他值。LREE/HREE 多大于 1，与(La/Yb)$_N$ 基本一致，显示稀土形式是右倾的，表明富轻稀土。与凤凰山剖面比较，尽管配合模式相似，但新棠剖面稀土元素总量偏低。

表 4-7　新棠剖面稀土元素分析结果（10^{-6}）及参数

样号	La	Ce	Pr	Nd	Sm	Eu	Gd	Tb	Dy	Ho	Er	Tm	Yb	Lu	Y	ΣREE	LREE/HREE	La$_N$/Yb$_N$	δEu	δCe
P4B6-1	23.7	42.9	5.1	19.5	3.63	0.497	2.98	0.518	2.54	0.48	1.27	0.234	1.4	0.211	13.7	118.7	4.09	12.14	0.45	0.91
P4B10-1	33	62.1	7.53	28.5	5.39	1.05	4.51	0.867	4.18	0.851	2.18	0.406	2.53	0.39	24.3	177.8	3.42	9.36	0.63	0.93
P4B32-1	42.4	74.5	9.5	36.5	6.85	1.39	5.94	1.05	5.13	0.997	2.55	0.452	2.7	0.406	29.1	219.5	3.54	11.26	0.65	0.87
P4B37-1	41.8	78	9.46	35	6.32	1.2	4.93	0.783	3.95	0.767	2.06	0.386	2.4	0.342	20.1	207.5	4.81	12.49	0.63	0.92
P4B14-1	35.1	64.5	8.34	32.3	5.98	1.18	5.08	0.924	4.72	0.884	2.31	0.419	2.64	0.408	25.7	190.5	3.42	9.54	0.64	0.89
P4B23-1	33.7	63.9	7.76	28.5	5.07	0.977	4.25	0.774	3.89	0.763	1.96	0.374	2.37	0.346	20.6	175.2	3.96	10.20	0.63	0.93
P4B48-3	31.4	199	7.33	27.3	5.25	0.138	5.4	0.838	4.03	0.839	2.19	0.422	2.52	0.375	24	311.0	6.66	8.94	0.08	3.10
P5B17-01	15.2	25.7	3.08	10.4	1.32	0.161	1.02	0.135	0.704	0.141	0.453	0.101	0.625	0.095	4.01	63.1	7.67	17.44	0.41	0.87
P5B6-2	53.1	86.5	11.1	41.6	8.57	1.84	6.96	1.29	6.52	1.33	3.55	0.669	4.1	0.593	38.7	266.4	3.18	9.29	0.71	0.83
P5B2-1	12.6	19.2	2.55	9.08	1.54	0.246	1.14	0.186	0.884	0.155	0.419	0.075	0.448	0.06	4.64	53.2	5.65	20.17	0.54	0.78

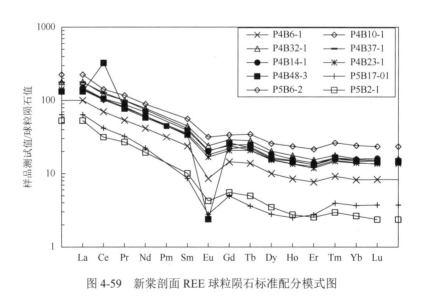

图 4-59　新棠剖面 REE 球粒陨石标准配分模式图

2）稀土元素各参数对比图

十万大山盆地的沉积环境、沉积特点及沉积序列等与稀土元素密切相关，因此通过对 ΣREE、LREE、HREE、LREE/HREE、δEu、δCe 及(La/Yb)$_N$ 等进行对比分析，如图 4-60

所示，可以得出随地层深度的增加，各参数的相应变化及不同剖面的相同层位各参数的变化情况，可以将两条剖面的沉积环境条件进行对比。

从图 4-60 可以看出，稀土元素总量各不相同，凤凰山剖面随深度变化较大，为 $48.5 \times 10^{-6} \sim 722.9 \times 10^{-6}$，新棠剖面变化较小，为 $48.58 \times 10^{-6} \sim 287.03 \times 10^{-6}$，但 $\sum REE$ 总体偏大，通过对比，稀土元素总量与岩层深度关系不大，说明 $\sum REE$ 可能与物源关系密切。LREE/HREE 和 $(La/Yb)_N$ 基本保持一致，呈正相关，但在新棠剖面出现了异常，可能与该地区的后期环境改造、元素迁移有关系。总的来说，轻稀土元素的含量高于重稀土元素的含量，$(La/Yb)_N$ 显示配分曲线总体表现为右倾，δEu 均小于 0.95，具明显的负异常，δCe 除个别样品外也基本上都为负异常；两地的物源可能是一致的，同处于相同的沉积环境，但在某些地区出现了元素迁移导致异常。

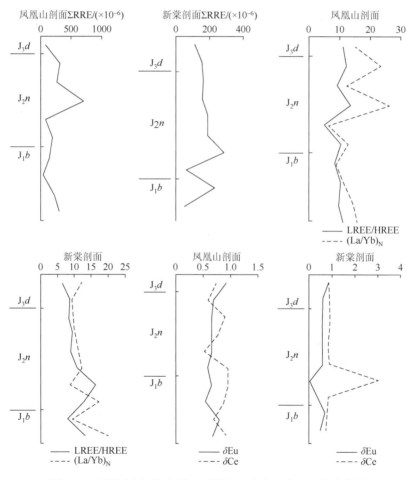

图 4-60　凤凰山剖面和新棠剖面稀土元素各参数随深度变化图

3. 盆地地层地球化学参数对比

考虑到盆地其他地层，本书采集了泥盆系砂泥岩、二叠系板岩、二叠系酸性火山岩、三叠系酸性火山岩、平峒组、扶隆组、汪门组地层，将上述地层部分元素特征分析如下。

1）铀含量特征

从表 4-8 可知，成矿地层侏罗系铀含量最大值（$U_{最大值}$）为 6.84×10^{-6}，较其他地层高，同时综合铀含量平均值（$U_{平均值}$）、铀含量最小值（$U_{最小值}$），各时代地层及花岗岩铀含量均较地壳丰度高，推测各时代地层均可提供铀源，以花岗岩为主。

表 4-8 十万大山盆地主要地层及外围花岗岩铀含量（$\times 10^{-6}$）

地层/岩性	$U_{最大值}$	$U_{平均值}$	$U_{最小值}$
侏罗系	6.84	3.24	1.2
三叠系	4.11	3.11	2.32
二叠系	3.19	3.19	3.19
泥盆系	5.07	4.55	4.03
花岗岩	8.28	5.64	3.39

2）特征元素参数

沉积岩中某些元素，例如 V、Ni、Co、U 和 Th 等在不同的氧化还原环境下表现出不同的性质（林治家，2008）。本书研究中所取样品特征参数统计如表 4-9 所示。

表 4-9 十万大山盆地出露地层稀土元素特征参数值及其比值

地层	$\Sigma REE/(\times 10^{-6})$	LREE/HREE	δEu	δCe	V/(V + Ni)	Co/Ni	U/($\times 10^{-6}$)	U/Th
J_3d 泥岩	139.72	8.47	0.63	0.91	0.77	0.40	3.39	0.31
J_3d 砂岩	172.83	11.05	0.65	0.85	0.87	0.53	2.58	0.29
J_2n 泥岩	214.82	9.17	0.68	0.86	0.72	0.50	2.95	0.22
J_2n 砂岩	163.57	10.42	0.69	0.91	0.77	0.45	2.51	0.24
J_1b 泥岩	402.10	11.70	0.59	1.11	0.69	1.50	4.71	0.23
J_1b 砂岩	143.24	12.51	0.73	0.91	0.82	0.56	1.85	0.24
J_1w 泥岩	255.50	9.43	0.70	0.85	0.75	0.50	3.45	0.23
J_1w 砂岩	47.36	11.06	0.59	0.84	0.73	1.21	1.20	0.35
T_3f 砂岩	121.41	10.14	0.64	0.95	0.73	0.54	2.32	0.22
T_3p 砂岩	265.19	7.94	0.71	0.65	0.88	0.47	2.9	0.19
T_3p 泥岩	263.90	10.53	0.53	1.02	0.96	0.51	4.11	0.23
πT 次火山岩	201.76	6.16	0.33	0.94	0.88	0.35	7.07	0.31
P 板岩	246.34	6.38	0.68	0.84	0.71	0.82	3.19	0.20
πP 次火山岩	136.29	5.89	0.27	0.95	0.82	0.42	6.6	0.31
D 砂岩	113.29	8.43	0.64	0.94	0.91	0.68	4.03	0.23
D 泥岩	181.38	6.37	0.71	0.85	0.62	0.83	5.07	0.42

（1）U/Th。U/Th 可以较好地判别古氧化还原环境，在表生氧化环境下，Th 以 +4 价形式存在，且价态较稳定，不易溶解；而 U 在氧化状态下，呈 +6 价，易溶于溶液，在还原环境下，以难溶于水的 +4 价存在，导致其沉淀富集。按照 U/Th 的范围，可以将其分为三类：<0.75 为氧化环境；0.75～1.25 为厌氧环境；>1.25 为缺氧环境。从表 4-9 和图 4-61 可知，U/Th 普遍小于 0.75，说明整个演化阶段整体环境以氧化环境为主。

（2）Co/Ni。由于 Co 和 Ni 同样为氧化-还原敏感元素，当 Ni/Co＞5（Co/Ni＜0.2）

时，指示沉积时底层水和沉积物界面处于还原状态，Ni/Co<2.5（Co/Ni>0.4）则指示为氧化环境（Jones et al.，1994）。由表 4-9 可知，除个别层位，盆地地层 Co/Ni 均大于 0.4，即 Ni/Co<2.5 代表氧化环境，与之前分析结果相同。

从图 4-61 可以看出，在次火山岩中 U 含量明显较高，此外泥岩中 U、稀土元素总量高于砂岩。总体上随着地层时代变新，稀土元素总量呈逐渐增加趋势，轻重稀土比值逐渐增大，说明轻重稀土分异更为明显。三叠纪和二叠纪次火山岩 δEu 明显低于其他样品。各时代地层形成时总体上处于氧化环境，汪门组砂岩和百姓组泥岩形成时环境还原程度更高。

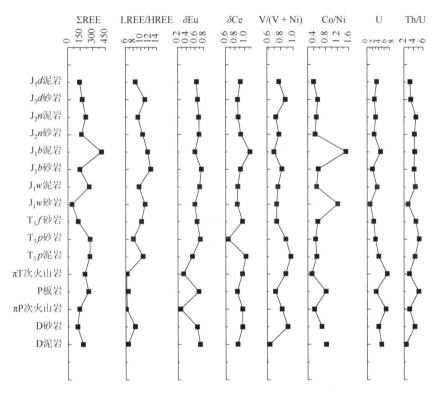

图 4-61　十万大山盆地地层稀土元素特征参数值（×10⁻⁶）及其比值散点图

4.5　铀成矿与沉积相的关系

从观察的四个钻孔中可以看出，沉积环境对砂岩型铀矿具有重要的影响。沉积相对铀成矿的控制作用体现在：含矿层或异常部位均在河道微相和边滩微相沉积物中的灰色砂岩中（表 4-10），天然堤微相及洪泛平原微相中几乎没有看见矿化现象。

表 4-10　研究区 4 口井中不同沉积微相放射性异常统计表

微相	河道	边滩	天然堤	洪泛平原	滨湖
伽马异常数	10	3	0	0	0

从垂向上看，含矿层或矿化层往往在河道或边滩沉积物灰色砂岩与其他沉积微相过渡的区域，多为与红色泥岩或泥质粉砂岩、粉砂质泥岩接触的地方，或者在含泥砾及薄层的泥岩附近（图4-62～图4-64）。泥岩或泥质粉砂岩、粉砂质泥岩接触的地方多为透水层及隔水层的分界带，在一定的氧化还原条件下，铀元素被还原，优先富集于河道及边滩与其他沉积微相的过渡区域中，其原因是在这些砂泥过渡的地方含有一定数量的泥质，这些泥质可以起到很好的吸附作用，使得被还原沉淀的铀元素能及时被吸附固定下来。

因此，从沉积相的角度来看，研究区有利的沉积相带为河道与边滩沉积微相，在勘探部署中应多关注这两个微相的空间展布状况。

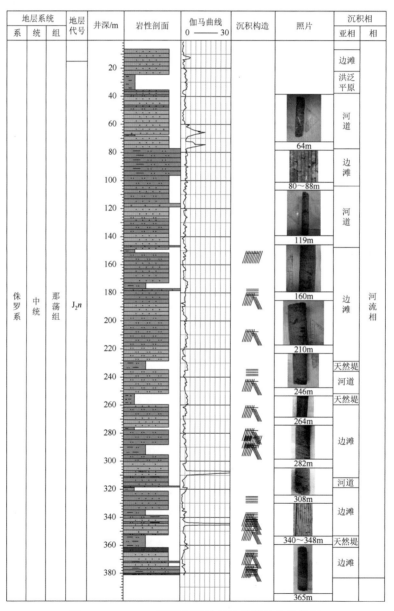

图4-62　ZK9901沉积相及放射性异常综合柱状图

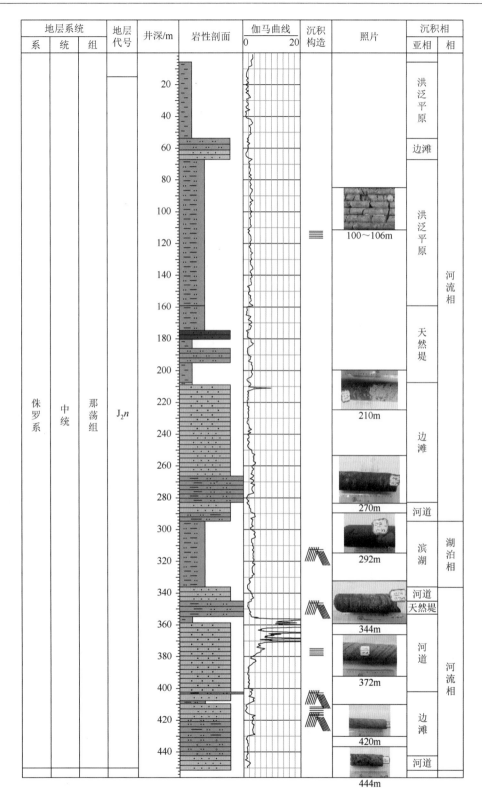

图 4-63　ZK816 沉积相及放射性异常综合柱状图

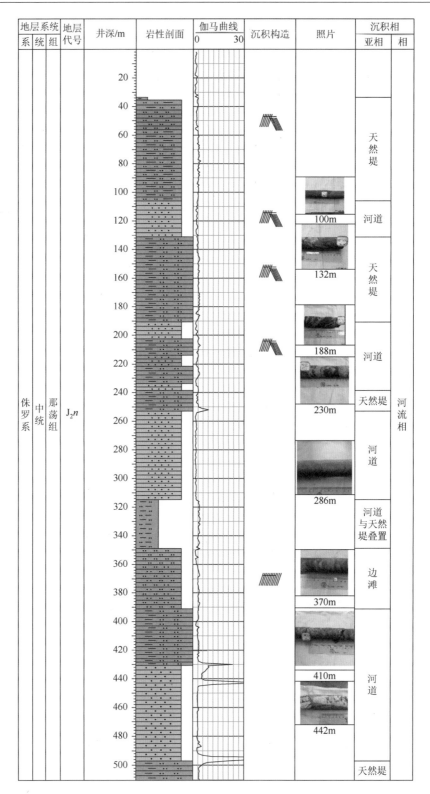

图 4-64　ZK216 沉积相及放射性异常综合柱状图

第5章　铀储层地质特征研究

大量的研究发现，铀矿地质学是一门复杂的系统学科，制约砂岩型铀矿床形成的地质因素繁多而复杂，但大型骨架砂体是砂岩型铀矿形成的必要条件（Franz and Dahlkamp，1993；焦养泉等，2007）。焦养泉等于2006年首次在专著中提出了铀储层的概念，这一概念的提出，表明沉积学在砂岩型铀矿的勘探和开发中取得了新的发展。沉积环境决定着沉积地层的岩石类型、岩石结构及其空间组合的基本特征，同时也决定了储层的发育和分布规律，因此，沉积相、岩石组分及成岩作用的研究是进行储层研究的重要基础。砂岩骨架颗粒间形成的孔隙系统是铀成矿流体赋存和运移的主要空间，也是铀矿成矿后的主要赋存空间（焦养泉等，2006，2007；朱强等，2015）。因此，铀储层的发育状况在一定程度上会影响砂岩型铀矿床的形成与分布。对研究区两条剖面及4个钻孔的岩石成分、结构、沉积构造观察研究表明，十万大山盆地侏罗系地层主要为一套黄褐色、灰褐色、灰绿色及灰白色中细砂岩和粉砂岩及紫红色的泥质粉砂岩和粉砂质泥岩。本书中的铀储层主要指的是有一定储集空间的细砂岩和粉砂岩。

5.1　岩石学特征

5.1.1　碎屑物质成分特征

碎屑物质成分的分析主要是通过对细砂岩的统计分析得出的，粉砂岩颗粒太细，未做统计分析。对研究区侏罗系地层120多个点的资料统计表明，这些岩石中的主要碎屑组分由石英、岩屑和长石组成，局部含有少量云母和生物碎屑。各类碎屑矿物的组成特征如下。

1. 石英（Q端元）

研究区侏罗系地层石英质量分数占全部碎屑的31%～82%，通常为70%～80%。石英既有单晶石英也有多晶石英，石英主要来源于花岗岩和变质岩（图5-1）。这些来源的石英与盆地周边的古陆及花岗岩体有关。酸性岩石铀含量相对较高，为富铀沉积建造形成和铀成矿作用进行提供了物源，创造了良好的铀源条件。

2. 岩屑（R端元）

岩屑在侏罗系地层中具有成分复杂、含量高的特征。岩屑以变质岩岩屑和中—酸性喷出岩岩屑为主，此外可见到少量的碳酸盐岩屑和石英岩岩屑。岩屑的含量普遍为3%～20%，部分样品的岩屑含量高达60%以上（图5-2）。

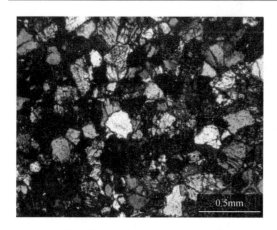

图 5-1　石英颗粒阴极发光特征（火成岩来源的石英发蓝光，变质岩来源的石英发红棕色光）（10×5）（+）

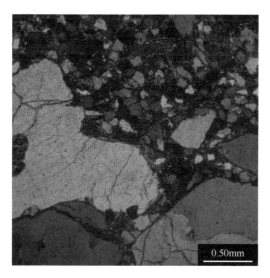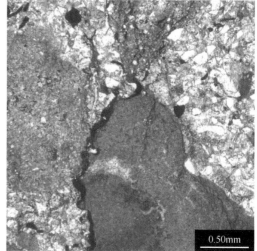

图 5-2　岩屑典型特征显微照片（10×5）（+）

3. 长石（F 端元）

侏罗系地层长石含量较低，通常小于 10%，以微斜长石和斜长石为主（图 5-3）。大多数长石颗粒比较细小，部分长石颗粒被溶蚀呈残余状。

5.1.2　主要岩石类型

根据岩石样品的碎屑成分含量，采用三角分类图投点定名原则，按岩石组分中碎屑成分及含量的不同，得到研究区碎屑岩三角分类图。结果显示，十万大山盆地侏罗系地层砂岩投点较为分散（图 5-4），主要为石英砂岩、岩屑石英砂岩、长石石英砂岩和岩屑质长石石英砂岩等，岩石类型比较多，表明围绕盆地物质来源区可能较多，物质来源复杂。

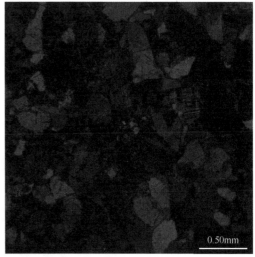

图 5-3 长石特征显微照片（10×5）（+）

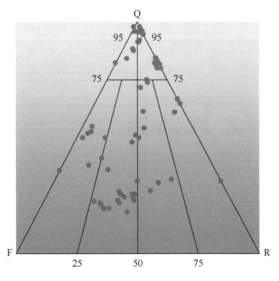

图 5-4 研究区砂岩分类三角图

5.1.3 填隙物组分特征

1. 杂基

杂基是碎屑岩中细小的机械成因组分，其粒级以泥为主，可包括一些细粉砂岩。研究区侏罗系地层中常见杂基为黏土矿物，多呈团块状、条带状或包壳状分布于粉砂岩中，细砂岩的杂基含量较少，通常小于 5%。部分砾岩的杂基成分比较复杂，除各种黏土矿物外，还包括一些细小的石英颗粒和隐晶结构的岩石碎屑。

对于研究区来说，适量的杂基含量对铀矿的富集是有利的，这些泥质杂基一方面起到降低岩石渗透性，使流体流动速率减缓的作用，另一方面使岩石的吸附性有所增强，铀更容易在其中富集。

2. 胶结物

研究区砂岩中分布较广的胶结物主要为碳酸盐、硅质、自生黏土及黄铁矿等。

1）硅质胶结

硅质是砂岩中常见的胶结物，但在研究区侏罗系地层中含量很低，含量一般小于0.5%，硅质胶结主要出现在细砂岩中，粉砂岩中难以观察到硅质胶结，硅质胶结物主要以石英加大边的方式出现（图5-5）。

图 5-5　硅质胶结物显微特征（10×5）（+）

2）碳酸盐胶结物

碳酸盐胶结物是研究区较常见的胶结物，含量最高的碳酸盐胶结物（方解石）主要出现在细砂岩中。据对 180 余件样品的显微观察，方解石胶结物至少可分为早、晚两期（图5-6）。

图 5-6　方解石胶结物显微特征（10×5）（+）

早期方解石胶结物多为泥晶，充填在孔隙之间，部分早期方解石胶结物由于重结晶而呈微晶。晚期方解石则充填于次生的裂缝或早期剩余的粒间孔中。阴极发光下，早期方解石发橘红色光，而晚期方解石发亮黄色光（图5-7）。

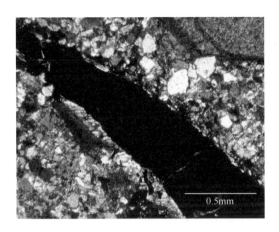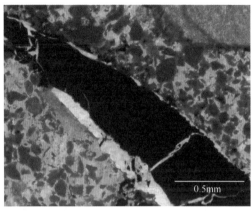

图 5-7　方解石胶结物阴极发光特征

　　方解石胶结物的分布极不均匀，有的样品几乎没有发生方解石的胶结作用，有的样品胶结作用则非常强，方解石胶结物的含量可达 30%以上。

3）其他自生矿物

其他自生矿物主要指黏土矿物（图5-8）和黄铁矿。这两种胶结物含量较少，是研究区侏罗系地层的次要胶结物，在细砂岩和粉砂岩中均有出现。

图 5-8　自生高岭石充填于孔隙之中

5.2　储层孔隙特征研究

根据铸体薄片和扫描电镜分析，十万大山盆地侏罗系储层泥质胶结和碳酸盐胶结严重，现存有效孔隙不多，可划分为粒间孔隙、粒内孔隙、铸模孔隙、特大孔隙、裂隙和微孔隙。据薄片分析，原生粒间孔隙是十万大山盆地储层中最重要的孔隙类型，粒内孔隙、铸模孔隙及特大孔隙在研究区也有较好的发育，裂隙较少。

1. 粒间孔隙

粒间孔隙是侏罗系储层中较为发育的孔隙类型，主要包括残余原粒间孔隙和次生溶蚀粒间孔隙两种类型（图5-9）。原生残余粒间孔隙多呈三角形、多边形或不规则多边形，连通性较差，孔径较小；次生溶蚀粒间孔隙主要是黏土基质和少量碳酸盐胶结物被溶蚀，部分碎屑颗粒边缘也可溶蚀，其孔径一般较大。

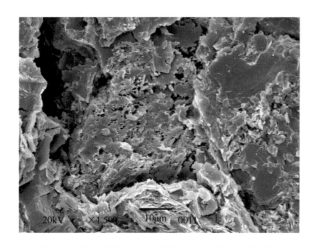

图5-9　侏罗系细砂岩中的原生残余粒间孔隙和次生溶蚀粒间孔隙［其中右图（10×5）（+）］

2. 粒内孔隙

粒内孔隙是颗粒内部组分被溶蚀而形成的，常见有长石和中酸性喷出岩岩屑的溶蚀粒内孔隙，其次还有砂屑和粉屑的溶解。常见长石沿解理面溶蚀呈窗格状，溶蚀强烈时，长石颗粒大部分被溶蚀，呈现蜂巢状或残骸状（图5-10）。粒内孔隙形态一般不规则，并且连通性较差。除长石外，一些岩屑、黑云母碎屑、绿泥石碎屑均可见到细小的溶孔。

3. 铸模孔隙

铸模孔隙是不稳定碎屑颗粒完全被溶蚀后形成的孔隙，孔隙几何形态与被溶颗粒相似，常通过原来的泥质包壳而保留颗粒外形，常见长石溶蚀形成的铸模孔隙（图5-10），其形态一般较规则，连通性较好。

图 5-10　砂岩中的长石、岩屑粒内溶孔隙，有的颗粒完全溶蚀，形成铸模孔隙 [（10×5）（+）]

4. 裂隙

在侏罗系砂岩中可见各种开启的裂隙（图 5-11），如岩石裂隙、颗粒裂隙、胶结物裂隙，常以水平或低角度出现，有些裂隙在延伸方向上还出现了分叉现象。某种条件下，裂隙不仅可以作为良好的油气储集空间，而且可以促使油气运移，形成还原环境，有利于铀的富集成矿。

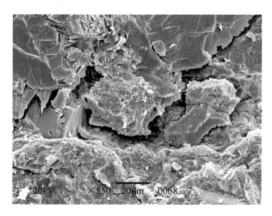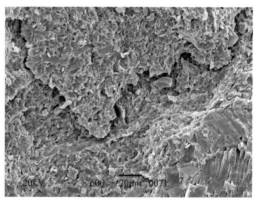

图 5-11　砂岩中的微裂隙

5.3　铀储层物性特征

从实测的 70 余件孔隙度渗透率数据来看（表 5-1，图 5-12），十万大山盆地砂岩孔隙度绝大多数为 0.07%～6.91%，平均为 0.58%；渗透率的变化范围比较大，从小于 0.00028mD 到 705mD 不等。但大于 0.1mD 的样品只有 1 件，达到了 705mD，是由于微裂缝的发育所致。总体而言样品非常致密，且孔渗相关性比较差，表明孔隙之间连通性比较差。

表 5-1　十万大山盆地侏罗系孔隙度与渗透率测试结果

样品编号	层厚/m	岩性	顶板岩性	底板岩性	孔隙度/%	渗透率/mD
ZK216-1	6.9	紫红色泥质粉砂岩	粉砂岩	粉砂岩	0.17	0.00041
ZK216-14	14.4	紫红色泥质粉砂岩	细砂岩	砾岩	3.77	0.00508
ZK216-17	61.8	细粒长石石英砂岩	泥岩	泥砾岩	0.18	0.00091
ZK216-2	13.9	灰色、紫灰色粉砂岩	细砂岩	粉砂岩	0.14	0.00051
ZK216-21	34.2	灰色细砂岩	粉砂岩	细砂岩	0.15	0.00335
ZK216-22	34.2	灰色细砂岩	粉砂岩	细砂岩	0.73	0.00255
ZK216-25	31.0	紫红色泥质粉砂岩	粉砂岩	细砂岩	0.19	0.00085
ZK216-30	4.6	紫红色泥质粉砂岩	细砂岩	粉砂岩	0.34	0.00908
ZK216-31	64.8	灰色细砂岩	粉砂岩	粉砂岩	0.13	0.00028
ZK216-36	14.6	紫红色泥质粉砂岩	泥岩	细砂岩	0.09	0.00031
ZK216-4	49.7	灰色细砂岩	细砂岩	粉砂岩	0.23	0.00033
ZK216-8	11.9	灰色细砂岩	粉砂岩	粉砂岩	0.52	0.00096
ZK216-9	11.4	紫红色泥质粉砂岩	细砂岩	粉砂岩	0.14	0.00069
ZK724-10	29.6	灰绿色细砂岩	细砂岩	粉砂岩	0.98	0.00080
ZK724-14	33.1	青灰色细砂岩	砾岩	细砂岩	0.68	0.00277
ZK724-20	49.5	灰色砂岩	粉砂岩	泥岩	0.42	0.00148
ZK724-22	17.4	深灰色砂岩	泥岩	粉砂岩	0.54	0.00202
ZK724-26	43.9	灰—青灰色砂岩	泥岩	泥岩	0.38	0.00163
ZK724-3	43.6	紫红色泥质粉砂岩	细砂岩	泥岩	1.00	0.00219
ZK724-30	27.0	深灰、灰褐色砂岩	粉砂岩	泥岩	0.82	0.00095
ZK724-4	17.1	灰色细砂岩	泥岩	粉砂岩	0.60	0.00081
ZK724-5	77.5	青灰色砂岩	细砂岩	细砂岩	0.16	0.00141
ZK724-8	2.8	灰色，灰褐色砂岩	粉砂岩	细砂岩	0.15	0.00090
ZK816-②-1	91.9	灰色细砂岩	泥岩	细砂岩	0.54	0.00244
ZK816-②-12	91.9	灰绿色粉砂岩	泥岩	细砂岩	0.10	0.00130
ZK816-22-1	1.7	灰红色粉砂岩	粉砂岩	细砂岩	1.01	0.00459
ZK816-②-5	91.9	灰绿色粉砂岩	泥岩	细砂岩	0.17	0.00136
ZK816-25-1	11.3	紫红色泥质粉砂岩	细砂岩	粉砂岩	1.60	0.00706
ZK816-26-1	9.0	灰色细砂岩	粉砂岩	砾岩	0.59	0.00093
ZK816-②-7	91.9	灰绿色粉砂岩	泥岩	细砂岩	6.91	0.02195
ZK816-③-1	15.8	灰色细砂岩	泥岩	泥岩	0.25	0.00146
ZK816-③-3	15.8	灰色细砂岩	泥岩	泥岩	0.24	0.00183
ZK816-⑦-1	30.2	灰色中粒砂岩	细砂岩	泥岩	0.74	0.00141
ZK816-⑦-2	30.2	灰色细砂岩	细砂岩	泥岩	0.82	0.00532
ZK816-⑧-1	28.5	灰色细砂岩	泥岩	细砂岩	0.47	0.00157

样品编号	层厚/m	岩性	顶板岩性	底板岩性	孔隙度/%	渗透率/mD
ZK816-⑩-1	6.4	灰色细砂岩	粉砂岩	粉砂岩	1.31	0.00380
ZK816-⑫-2	40.4	紫红色粉砂岩	细砂岩	泥岩	0.53	0.06918
ZK816-⑬-1	8.8	灰色细砂岩	泥岩	泥岩	0.68	0.00501
ZK816-⑮-2	49.2	浅红色细砂岩	粉砂岩	粉砂岩	1.01	705.25713
ZK816-⑮-3	49.2	灰色细—中粒砂岩	粉砂岩	粉砂岩	0.76	0.00198
ZK816-⑮-4	49.2	灰色细—中粒砂岩	粉砂岩	粉砂岩	0.24	0.00153
ZK816-⑮-5	49.2	灰色细—中粒砂岩	粉砂岩	粉砂岩	0.56	0.00332
ZK9901-1	3.1	灰褐色粉砂岩	粉砂岩	细砂岩	0.39	0.00047
ZK9901-10	5.3	灰绿、灰褐色细砂岩	细砂岩	粉砂岩	0.14	0.00048
ZK9901-12	2.2	灰色粉-细砂岩	粉砂岩	粉砂岩	0.31	0.00101
ZK9901-14	8.8	灰色细粒长石英砂岩	砾岩	粉砂岩	0.19	0.00061
ZK9901-17	5.7	灰褐色粉砂岩	粉砂岩	泥岩	0.13	0.00131
ZK9901-18	4.9	灰褐色粉砂岩	细砂岩	粉砂岩	0.22	0.00088
ZK9901-19	7.1	红灰色、灰色细砂岩	泥岩	粉砂岩	0.25	0.00091
ZK9901-2	9.4	灰褐色粉砂岩	粉砂岩	细砂岩	0.07	0.00091
ZK9901-22	9.0	紫红色、红灰色粉—细砂岩	粉砂岩	粉砂岩	0.66	0.00095
ZK9901-23	6.0	紫红色、红灰色粉-细砂岩	细砂岩	细砂岩	0.11	0.00107
ZK9901-25	2.5	灰色细粒长石英砂岩	泥岩	细砂岩	0.19	0.00258
ZK9901-28	7.7	紫红色粉砂岩,泥质粉砂岩	粉砂岩	粉砂岩	0.18	0.00208
ZK9901-30	7.7	紫红色粉砂岩,泥质粉砂岩	粉砂岩	粉砂岩	0.14	0.00092
ZK9901-31	6.1	紫红色粉砂质泥岩	泥岩	粉砂岩	0.53	0.00201
ZK9901-37	3.9	紫红色粉砂岩	细砂岩	粉砂岩	0.71	0.00036
ZK9901-39	4.1	灰色细粒长石英砂岩	泥岩	粉砂岩	0.21	0.00137
ZK9901-4	5.2	灰色细粒长石英砂岩	细砂岩	泥岩	0.18	0.00090
ZK9901-41	6.5	紫红色粉砂岩	粉砂岩	泥岩	1.01	0.08481
ZK9901-44	3.1	灰色,灰紫色粉砂岩	细砂岩	泥岩	0.39	0.00252
ZK9901-45	3.2	灰色长石石英砂岩	泥岩	细砂岩	0.25	0.00187
ZK9901-46	1.3	细粒长石石英砂岩	细砂岩	细砂岩	0.77	0.00855
ZK9901-48	6.8	灰色,灰褐色细砂岩	细砂岩	粉砂岩	1.43	0.00212
ZK9901-5	5.2	灰色细粒长石英砂岩	细砂岩	泥岩	0.14	0.00137
ZK9901-6	8.8	灰白色细砂岩	细砂岩	泥岩	0.18	0.00280

样品编号	层厚/m	岩性	顶板岩性	底板岩性	孔隙度/%	渗透率/mD
ZK9901-7	16.75	灰色细粒长石石英砂岩	粉砂岩	细砂岩	0.18	0.00192
ZK9901-8	16.75	灰色细粒长石石英砂岩	粉砂岩	细砂岩	0.25	0.00163
ZK724-31	3.1	紫红色泥质粉砂岩	细砂岩	细砂岩	0.12	0.00167
ZK9901-56	1.2	灰—灰绿色细砂岩	粉砂岩	粉砂岩	0.22	0.00148

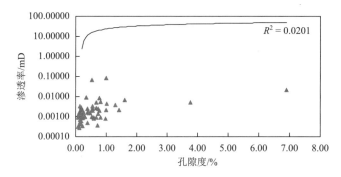

图 5-12　侏罗系孔隙度与渗透率关系图

　　从岩性上来看，粉砂岩和细砂岩的孔隙度差别不大，甚至粉砂岩的平均孔隙度还略高于细砂岩（图 5-13），其主要原因是所测样品均被强烈胶结，沉积物颗粒的粗细对孔隙度和渗透率的影响已经不明显；而细砂岩在未被胶结之前，由于具有更好的渗透条件，更容易被胶结物充填，造成细砂岩和粉砂岩物性条件差异不大，甚至细砂岩的物性条件更差的状况。

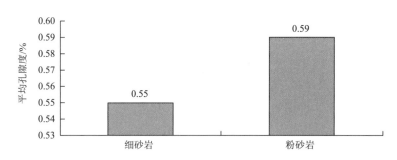

图 5-13　侏罗系不同岩性孔隙度直方图

　　总之，所测样品比较致密，物性条件较差。导致样品致密的主要原因是后期强烈的泥质和方解石胶结作用。致密的岩层影响了成矿流体的进一步运移，是铀成矿富集的不利因素。需要说明的是物性样品主要采自钻孔中，在取样过程中考虑到要钻样，所选取的样品均为胶结比较好的砂岩，在一定程度上人为地选取了较致密的样品，实际砂岩地层的物性状况可能比测试结果要好一些。

5.4　铀储层特征分析

含矿岩层具有以下特征：

（1）只出现在灰色或黄灰色的砂岩中，红色砂岩或泥岩中不出现矿化（图 5-14、图 5-15）。在氧化环境中，铀通常以 UO_2^{2+} 和 $UO_2（OH）^+$ 形式溶解于流体中，难以沉淀保留，只有在还原环境中，铀元素才能以 UO_2 沉淀的形式保留下来。

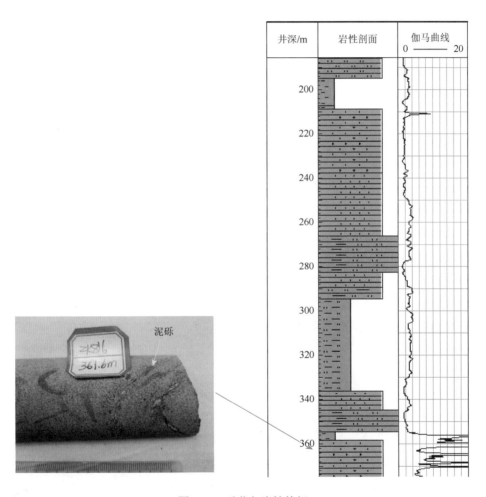

图 5-14　矿化与岩性特征

（2）主要出现在河道和边滩微相沉积中。从矿化层位出现的沉积相带来看，其全部出现在河床微相和边滩微相（图 5-14～图 5-16）。由于砂岩型铀矿成矿要经过一个氧化还原的过程，而这一过程必须是以流体为载体来完成的，相对天然堤和洪泛平原等其他沉积物，河道和边滩沉积物相对较粗较纯，是河流沉积物中孔渗条件较好的地方，有利于氧化及还原性流体的流动和运移。

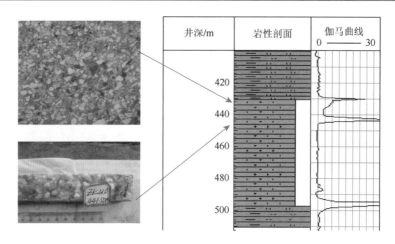

图 5-15　矿化部位方解石胶结强烈

（3）纵向上，铀矿化主要出现在砂泥过渡带附近。铀矿化层段通常在砂泥交汇的地方出现（图 5-15），在这些地方往往能形成小范围的氧化还原过渡带，并且在这里泥质可作为吸附剂就地吸附沉淀下来的铀元素，可达到局部富集的作用。

（4）方解石胶结严重。在所有矿化样品中，都可见到强烈的方解石胶结作用（图 5-16，图 5-17），在部分岩心上甚至还能见到较大的方解石脉（图 5-15）。大量的方解石胶结物和方解石脉说明砂岩层受到了深部热液的影响，深部热液的加热及还原作用可加快铀元素的还原和沉淀，在一定程度上促进了铀的富集，但紧随其后的方解石胶结作用却使砂岩迅速致密，使铀失去了继续富集成矿的可能。因此，方解石胶结物是还原性热液活动的副产品，它对铀成矿实际起到了一定的破坏作用。

图 5-16　典型矿化样品显微特征［ZK724，520m，　图 5-17　典型矿化样品显微特征［ZK816，361m，
　　方解石胶结严重，样品致密，（10×5）（+）］　　　方解石胶结严重，样品致密，（10×5）（+）］

第6章 十万大山盆地盆山耦合与铀成矿作用

盆山耦合是近年来研究盆地形成演化的重要内容之一,特别是较大规模的叠合盆地盆山耦合是研究的热点,盆山耦合的研究对于油气成藏及有关矿产资源的形成规律研究具有重要的意义。十万大山盆地作为我国南方重要的中新生代盆地,也具有叠合盆地的特征,对其盆山耦合的研究对盆地铀矿成因及成矿规律、盆地油气潜力均具有重要的意义。本章重点对十万大山盆地盆山耦合过程与铀成矿作用进行探讨,以揭示十万大山盆地铀矿成矿类型、成矿规律。

6.1 十万大山盆地盆山演化过程分析

十万大山盆地的西北部以凭祥-崇门断裂为界与大明山隆起相邻,东南以扶隆-小董断裂与钦防造山带交接,自东向西,划分为钦防造山带、十万大山盆地和西大明山-大瑶山隆起。总体呈自东南向西北冲断的形变结构,盆地可分出南部的峒中-扶隆褶皱冲断带(南坡)、中部的峙浪-上思断弯带(中坳)和北部的定西-新棠断褶带(北坡)。

十万大山盆地以上思-沙坪断裂为界,北部基底属于湘桂地块的加里东褶皱,南部属于钦防拗拉槽,它和南盘江拗陷都是伴随古粤海洋(古特提斯分支)的关闭、反转造山而耦合发生的。钦防槽盆两侧志留纪之前有不同的演化历程。其北西侧为湘桂地块,中奥陶世—志留纪主体处于隆起,仅南侧的大陆斜坡上有硅质岩沉积。其南东侧为华夏陆块,早古生代的斜坡相沉积发育较好,其中寒武系—奥陶系为厚度颇大的碎屑浊积岩夹碳质页岩,志留系笔石页岩。广西岑溪、北流等地的下志留统也是滨浅海沉积,海水明显比中志留世浅;玉林、合浦、钦州、防城等地依然保持着中志留统合浦群的深海环境,灵州旧州、钦州小董等地沉积环境变深,因而碎屑沉积物粒度变细,化学沉积(硅质岩)的比例升高。这一格局指示当时的洋壳向东消减:桂东南是弧前深海沟,弧位于粤桂交界处。

广西运动是华南地区重要的一次区域性构造运动,其结果是处于被动大陆边缘一侧的部分地区发生隆升,如钦州、防城等地晚志留世以滨浅海相的沉积为主。在泥盆纪—石炭纪的残留洋扩张时,该隆起区继续发展成为六万大山古岛,而两侧的被动大陆边缘沉积则被分别称为钦州和博白残留海槽。早二叠世钦防海槽孤峰组为深海沉积环境,以(含锰)硅质岩为主。博白海槽则从晚石炭世起开始变浅,早二叠世主要是碳酸盐岩沉积。据这一沉积格局认为当时的洋是向东消减,至晚二叠世,博白海槽已由原来的被动大陆边缘盆地反转后弧后盆地。随着洋盆的关闭,原湘桂地块的被动大陆边缘反转为前陆褶皱冲断带,并控制了大直磨拉石盆地发育。在钦州大直、圩彭所见,磨拉石(碎屑岩夹煤线,底部夹酸性熔岩)厚5000m,活动大陆边缘一侧是隆起区,称为广宁-云开古陆。

　　早三叠世，大直磨拉石盆地继续发育，一方面它向湘桂地块扩展，另一方面则是盆地加深，沉积了泥灰岩，钙质泥岩和半深海-深海沉积。随陆-弧碰撞的继续，形成大量的碰撞花岗岩并改造了原来的岛弧型花岗岩，如大容山岩体。上述泥灰岩和钙质泥岩中夹酸性熔岩及其喷出相表明陆-弧碰撞时湘桂地块的下插，在其北方形成了一个局部的拉张应力场，故凭祥-崇门断裂与上思断裂间出现一个半封闭的海槽，并有火山活动。中三叠世磨拉石盆地闭合，造山带区隆起剥蚀。

　　晚三叠世是第二期磨拉石发育时期，是中生代的十万大山盆地中最早的堆积，称平垌组。该组为厚近 2900m 的粗碎屑岩及砾石，底部有酸性熔岩，仅分布于十万大山盆地的东南部，受小董断裂活动控制，反映了陆-陆碰撞活动的发育。

　　侏罗纪盆地的范围比晚三叠世广，西以凭祥-东门断裂为界，东可达粤桂交界处（岑溪水汶附近），以十万大山地区保存最好。自下而上称下侏罗统汪门组和百姓组、中侏罗统那荡组和上侏罗统崇力组，总厚近 4000m，以河流-湖泊相和三角洲相为主，局部为山麓相。晚侏罗世起盆地范围开始缩小。

　　在十万大山盆地，下白垩统发育完好，下白垩统自下而上称新隆组、大坡组，厚 3300m。其东近粤桂边界处，下白垩统分布较为零星，但盆地仍在发育。早白垩世末发生燕山运动，沿博白-岑溪断裂等有花岗岩浆活动。中—晚白垩世沉积见于沿博白-岑溪断裂，钦州-藤县断裂发育的小型火山盆地中，沉积岩以紫红色泥岩夹膏盐沉积为特色，表明此时沉积-构造格局与早白垩世有明显不同。

　　古近纪构造格局与中—晚白垩世相似。盆地发育受近北东向断裂左行走滑断裂控制。十万大山地区及邻区构造演化见图 6-1。

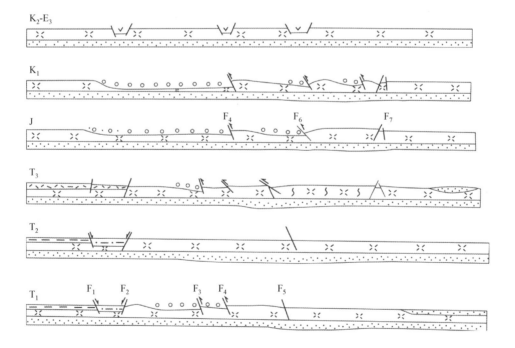

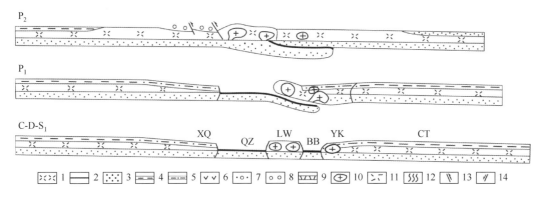

图 6-1　粤桂陆-弧-陆碰撞造山带演化简图（据马力等，2004）

1. 大陆地壳；2. 推测洋壳；3. 地幔岩石圈；4. 台地型海相沉积；5. 半深海-深海沉积；6. 陆盆沉积；7. 海陆交互相沉积；8. 磨拉石；9. 火山岩；10. 花岗岩；11. 增生的火山-沉积楔；12. 混合岩化；13. 冲断层；14. 正断层；F_1. 凭祥-崇门断裂；F_2. 上思断裂；F_3. 小董断裂；F_4.灵山断裂；F_5. 博白断裂；F_6. 信宜-廉江断裂；F_7. 吴川-四会断裂；QZ. 钦州残留海槽；BB. 博白残留海槽；LW. 六万大山古岛；YK. 云开地块；CT.华夏地块；XQ. 湘桂地块

6.2　印支期盆山耦合关系与铀成矿作用

早三叠世，太平洋板块的活动强度减弱，甚至出现构造应力反转，从强烈挤压变为较弱的拉张，十万大山盆地地层厚度总体上差别不大，仅在南屏-沙坪断裂等活动断层附近差别较明显。大体沿凭祥-崇门断裂以北，下三叠统主要为台地相碳酸盐岩沉积，以南依次为碳酸盐重力流及盆地相的碎屑浊流沉积。

晚三叠世卡尼克期与瑞利克期之间的印支运动使华夏板块不断向扬子板块挤压，使十万大山盆地东南的云开地区不断抬升，并使十万大山中生代前陆盆地的沉降中心不断由南东向北西迁移，完成了由海到陆的变迁，于中、晚三叠世之间盆地强烈褶皱抬升剥蚀，使其剥蚀下三叠统至二叠系地层，其最大剥蚀厚度超过 5000m，是最强的一期。

晚古生代—三叠纪十万大山盆地的演化，认为钦防造山带是一个陆-弧-陆碰撞带，碰撞经历了两个阶段，即早期的湘桂地块与六万大山弧的碰撞和晚期云开地块与（焊接了六万大山弧的）湘桂地块的碰撞（马力等，2004）。

洋盆闭合后，湘桂地块与六万大山弧碰撞，有碰撞花岗岩发育。其年龄显示碰撞从晚二叠世开始，主要发生在早三叠世至晚三叠世卡尼期。随着时间迁移，花岗岩发育空间位置向西迁移，且变浅，伴随陆-弧碰撞使原始活动大陆边缘的火成岩和沉积岩堆叠到湘桂地块上，地壳逐步增厚，故中三叠世该区已经隆起遭受剥蚀，陆-弧碰撞造山带地区发生坍塌。

之后，云开地块与焊接了六万大山弧的湘桂地块间的陆-陆碰撞，继承了陆-弧碰撞时代的造山特性。云开地块是上冲板片，湘桂地块仍为下插板片。云开地块沿博白-罗定-广宁断裂向西北推覆时因巨大的摩擦生热而形成花岗岩。其陆-陆碰撞始于中三叠世，结束于早侏罗世早期，在晚三叠世中—晚期达到高潮。在陆-陆碰撞时，原先陆-弧碰撞区的冲断层重新活动，冲断方向仍朝向北西。这一冲断系中的小董断裂控制了晚三叠世平垌组磨拉石盆地的发育。原洋壳消减形成的花岗岩和陆-弧碰撞时形成的花岗岩也遭受了改造，发生向西的逆冲，原先陆-弧碰撞的花岗岩重熔活化。随着地壳楔的堆叠和强烈的花岗岩浆活动，云开地区发生隆升，侏罗纪时成为剥蚀区。因为向北西的推覆已经停止，原前进式扩展的冲断系发生反转，相应地控制磨拉石盆地发育的边界断层后退到粤桂交界处。侏罗纪十万大山盆地面积扩大，但是盆地构造性质和背景基本没有变化，与晚三叠世一样依旧属于陆-陆碰撞控制的前陆磨拉石盆地。盆地西北侧为南盘江-右江造山带，系晚三叠世湘桂微大陆与增生的火山-沉积楔发生碰撞，侏罗纪—白垩纪时山体处于隆起状态。因此，十万大山盆地向西扩展时，仅能在滇桂造山带的相对低洼地区形成沉积，如崇左西南、南宁西南的吴圩等地。凭祥-崇门断裂当时并未形成盆地的西北边界。

十万大山盆地印支期的剥蚀量较小，在500m以内，但其两侧的钦防褶皱带和西大明山剥蚀量大，估计为2000～3000m（周祖翼等，2005）。

由于印支期的构造作用产生了大量的热，产生了规模较大的岩浆活动，形成花岗岩、花岗斑岩，这些花岗岩、花岗斑岩中的铀丰度明显增加，为后期盆地沉积物提供了丰富的碎屑物质及铀源，使得十万大山盆地砂岩型铀矿的形成有了有利的铀源条件。

6.3 燕山期盆山耦合与铀成矿作用

燕山期是十万大山盆地铀矿形成的重要时期。燕山期的盆山耦合对十万大山盆地的铀矿成矿起着十分重要的制约作用。

早侏罗世十万大山盆地沉降速率最大，同时受自南东往北西的持续挤压，又使盆地缩短，挤压拗陷作用明显。主要断裂以逆断层性质活动，沉积中心位于南屏-沙坪断裂一线。由于盆地的持续下陷，使早、中侏罗世盆地沉积边界不断向北西和北东方向扩展，沉积中心往北、并向东迁移至那楠—大塘，盆地北界大体扩展到凭祥、崇左、旧城、吴圩、六景一线，东界受控于莲塘-都安断裂，止于六景—横县一带，西端向越南延伸。

中侏罗世末期，基底普遍上升，使晚侏罗世盆地范围缩小，北界大体经由宁明、海渊、上思至五塘一线；南界大致在南屏—新棠一线附近，沉积中心向北向西迁移至派阳山—凤凰山一带。晚侏罗世末，盆地东部地区一度缓慢被抬升为陆，使白垩系与下伏侏罗系为不整合接触关系，盆地西部则为连续沉积。

白垩纪，由于受北东向（主要为扶隆-小董断裂、南屏-沙坪断裂及上思-沙坪断裂）和北西向（主要为高平-凉山断裂）两组断裂联合作用的影响和限制，盆地东区再度下陷并向北东方向扩展散开，沉积中心向北东迁移至大塘东北一线。

燕山末期，由于受特提斯洋和太平洋的相互作用，继承印支期的活动方式，处于南东—北西区域应力场背景，使地层褶皱抬升，遭受剥蚀挤压。盆地东南缘继续遭受推覆挤压并伴有左旋，台马岩体推覆到上三叠统—侏罗系地层之上，同时在上三叠统和侏罗系内部也发生逆冲。侏罗系地层推覆到白垩系地层之上，北东向断裂以压扭性逆断层方式活动，同时北西向断裂发育，以断块活动为主。再从对凭祥-崇门断裂及南屏-沙坪断裂的分析看，凭祥-崇门断裂在燕山期的逆断层活动明显有西部强于东部的特点，而南屏-沙坪断裂则相反。因而剪刀差式运动作用明显，盆地现今构造格局随着燕山运动的结束而基本定型。

经研究，燕山早期十万大山盆地腹地的剥蚀量不大，在 0～500m，其邻区一般在 500～1000m。晚燕山期—喜马拉雅期，十万大山盆地东南侧边缘的主峰一带剥蚀量最大，在 3000m 以上；西大明山及其邻区剥蚀量为 2000～3000m（郭彤楼，2004；周祖翼等，2005）。

随着燕山期构造运动的影响，十万大山盆地逐渐形成。在盆地形成过程中，盆地东南的云开大山长期接受隆升剥蚀，再加上盆地东南缘的印支期花岗岩及火山岩的隆升剥蚀，两者风化产物源源不断地进入十万大山湖盆中沉积，从盆地侏罗系碎屑物质既有远源碎屑，又有近缘碎屑可以得出此结论（丘元禧和梁新权，2006）。盆地周边的富铀地质体逐渐隆升形成盆缘高地（山），在风化作用影响下，富铀地质体不断被风化剥蚀，碎屑物质不断地进入十万大山盆地湖相之中，沉积形成了富含铀的碎屑岩（砂岩、砂砾岩）。这些富含铀的碎屑岩，一方面本身成为铀源层，另一方面在后期成岩作用之后，燕山期构造运动使得侏罗系和白垩系地层褶皱成向斜构造，可以继续接受外源铀源的供给，在合适的地质条件下形成砂岩型铀矿。因此，燕山期盆山耦合作用是十万大山盆地铀矿形成的十分重要，且必不可少的地质作用和条件。

6.4　喜马拉雅期盆山耦合及铀成矿作用

进入新生代，十万大山盆地沉积相、厚度的变化一改中生代南东—北西方向的变化，而变成古近纪的南西—北东向变化。在宁明、上思等盆地，西南部的沉积较东北方向粒度粗。北东向长条状断陷盆地常被北西向的断隆分割成数段北西向的古近—新近纪盆地。当时该区西南部和北部地势较高，为较强烈的上升剥蚀山地，主要水流自西向东，反映出在北东走向水系中已开始出现北西走向的水系，反映出新生代盆山格局与构造应力场的新变化。原来的北东向断陷盆地是在北东向构造的基础上发展起来的，而原来的构造代表古太平洋构造域的构造方向，其北东向主压面代表的区域构造应力场的挤压应力为北西—南北方向，新叠加上去的北西向是左行压扭性断裂和北东向右行张扭性断裂，其组合代表喜马拉雅期的构造应力场，挤压应力方向为北东—南西向（丘元禧和梁新权，2006）。

喜马拉雅期主要表现为沿断裂带的局部拉张作用，这种拉张主要是由于燕山期挤压后的滞后正断层而产生，某些断层是先期断层再活动的结果。正因如此，这些断层具有走滑的特点，凭祥-崇门断裂具明显的左旋走滑的特点。对于中生代的前陆盆地而言，这种扭张作用对盆地的改造使其发生变形，但并不十分强烈，对古生代盆地原型而言，其影响主要在近凭祥-崇门断裂北侧，南侧则较微弱。喜马拉雅期的构造运动导致先期形成的十万大山盆地向斜构造不断抬升并风化剥蚀，且南翼持续受到破坏，断裂不断增多，地层不断发生褶皱，局部地段发生平卧、甚至倒转。屯林矿床勘探证明矿区平卧褶皱较为发育，铀矿体也发生了褶皱，表明在铀矿体形成之后仍有构造活动的影响。

进入新近纪以来，构造活动减弱，走滑裂陷盆地停止发育，在喜马拉雅早期形成的较高地形基础上，盆地整体处于剥蚀夷平状态，整个喜马拉雅期最大剥蚀厚度为 4500m，与印支期相近（周祖翼等，2005）。

喜马拉雅期的盆山耦合对铀矿成矿作用的影响主要表现在两方面：①盆缘山地继续接受风化剥蚀，富铀地质体（如花岗岩）中的铀通过渗透等方式进入砂体，为原有的砂体进一步提供铀源；②该期的构造活动导致的热液流体由深部向上运移，将途经的地质体中的铀浸出，沿裂隙上升，汇聚到合适的构造部位，使原有铀矿进一步富集，形成具有热液叠加特征的砂岩型铀矿。

第7章　十万大山盆地典型铀矿床特征

7.1　十万大山盆地铀矿（点）分布及类型

十万大山盆地铀矿化显示丰富，到目前已发现铀矿床 1 个，近 20 处铀矿（化）点，铀矿异常（点、晕）30 处（图 7-1），除个别产于火山岩（酸性火山岩）外，绝大部分铀矿点分布于盆地南侧，产于侏罗系，与地层岩性有关。此外，在盆地白垩系也找到了两处异常。目前已知铀矿化层位主要是中侏罗统上段浅色层。由于盆地铀矿工作程度低，本节综合前人资料简要描述十万大山盆地铀矿特点及类型。

通过野外调查及综合研究认为，十万大山盆地是我国重要的产铀盆地，也是我国南方规模较大的产铀盆地。盆地结构相对简单，但构造较为复杂。十万大山盆地铀成矿类型差异明显，主要分为两类。

（1）热液叠加改造砂岩型铀矿。十万大山盆地东南部屯林地区除大的向斜构造之外，断裂发育，且发育揉皱及褶皱，甚至发育倒转褶皱（图 7-2）。钻孔中可见角砾（图 7-3），且距离岩体较近，为热液叠加改造砂岩型铀矿。该类型铀矿主要与构造活动关系密切，在新棠—南忠一带成矿条件有利。矿化产于浅色砂岩层，有如下特点：①夹于紫红色泥岩层之间，上下顶底板是较好的隔水层；②岩石组分中长石含量高（为长石石英砂岩），钙质胶结物含量多，并以基底式胶结为主，富含煤线、有机质以及泥质岩屑物质，化学成分以低 Si 富 Al，高 S、Fe、有机碳、Mo、V 为特征；③粒度为细粒或中细粒级；④具膨缩变化，膨大部分矿化好；⑤铀易淋失，地表强度低。

该类型铀矿先经过层间氧化带发育形成铀矿化，再经后期热液叠加而形成较富铀矿。

（2）层间氧化带型铀矿化。盆地中西部凤凰山地区构造相对简单，铀矿化以层间氧化带型铀矿化为主。主要含铀层位于那荡组中上段，矿化沿凤凰山围绕一周，其上为紫力组和白垩系地层，且为一向斜构造，层间氧化带发育在凤凰山向斜核部。从上思那荡—百包—叫安—那肯一带异常分布看，矿化产于中侏罗统上部（J_2n^3）浅色层中，呈层状，沿走向分布广，范围大，属层间氧化带型铀矿化。因此，该部位成为寻找层间氧化带型铀矿的有利部位。

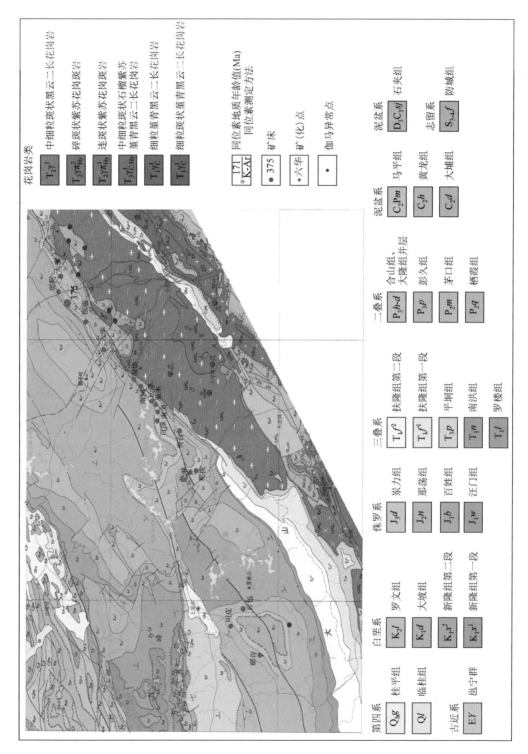

图 7-1 十万大山盆地中北部铀矿点分布示意图（底图据广西地矿局，2006 修改）

图 7-2　局部倒转褶皱

(a) ZK216

(b) ZK9901

图 7-3　钻孔中的角砾

7.2　屯林（375）矿床地质特征

7.2.1　矿区地层

屯林矿床（也称为 375 矿床）矿区出露的地层有侏罗系、白垩系，其中以侏罗系分布最为广泛。侏罗系与下伏三叠系地层呈不整合接触，与上覆下白垩统新隆组呈轻微角度不整合接触。矿区从南至北依次出露下侏罗统汪门组（J_1w）、百姓组（J_1b），中侏罗统那荡组（J_2n），上侏罗统枲力组（J_3d）及下白垩统新隆组（K_1x）地层。各层均沿北东（50°左右）向呈带状展布（图 7-4）。其中矿体主要赋存于侏罗系那荡组（图 7-5）。

1. 下侏罗统汪门组（J_1w）

下段（J_1w^1）：杂色花岗质砾岩、砾砂岩、细砂岩夹紫红色泥岩，厚度大于 200m，有铀矿化。

上段（J_1w^2）：紫红色泥岩、粉砂岩夹灰色细粒长石石英砂岩、石英砂岩，厚度大于 100m。

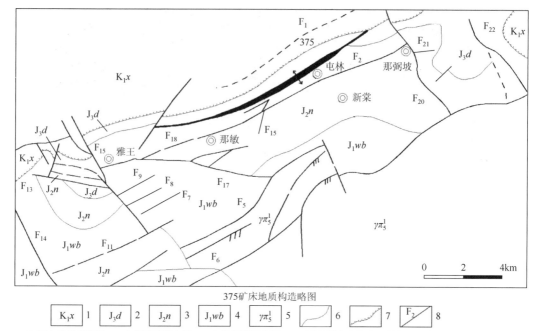

375矿床地质构造略图

| K₁x | 1 | J₃d | 2 | J₂n | 3 | J₁wb | 4 | γπ₅¹ | 5 |　6 |　7 | F₂ | 8 |

1. 下白垩统新隆组；2. 上侏罗统崇力组；3. 中侏罗统那荡组；4. 下侏罗统汪门组与百姓组；5. 印支期花岗斑岩；
6. 地质界线；7. 地层不整合界线；8. 断层及编号

图 7-4　375 矿床地质构造略图

2. 下侏罗统百姓组（J_1b）

下段（J_1b^1）：灰白色细粒石英砂岩夹紫红色泥岩，厚度为 300～1014m，有伽马异常，其中在新棠实测剖面，厚度大于 435m。

上段（J_1b^2）：紫红色泥岩、粉砂岩夹灰色细粒石英砂岩，厚 178～772m，其中在新棠实测剖面厚度为 252.5m。

3. 中侏罗统那荡组（J_2n）

根据岩性特点、岩石组合、结构构造等特征，那荡组（J_2n）可细分为上、中、下三段（图 7-5）。

（1）下段（J_2n^1）：灰色细粒长石石英砂岩、紫红色泥岩，底部砾岩、砾砂岩，厚度一般大于 242m，其中在新棠实测剖面厚度为 109.3m。

（2）中段（J_2n^2）：主要为灰色中厚层细粒长石石英砂岩与紫红色泥岩互层，含大量花岗岩碎屑。胶结物以钙质为主，常见波状层理、微斜层理、交错层理等。古生物化石丰富，有虫迹、硅化木、瓣鳃类、假铰蚌等以及松柏类枝叶和其他植物化石碎片。浅色层中含 Cu、Pb、Ba，常见重晶石脉与方铅矿、黄铜矿、黄铁矿等伴生。一般厚 415～709m，其中在新棠实测剖面厚度为 307.9m。

（3）上段（J_2n^3）：矿区出露厚 200～300m，其中在新棠实测剖面厚度为 205.4m，又可分为上、中、下三亚段。

①下亚段（J_2n^{3-1}）：出露于屯林—南局一带丘陵区的北缘，厚度为 80～270m。主要

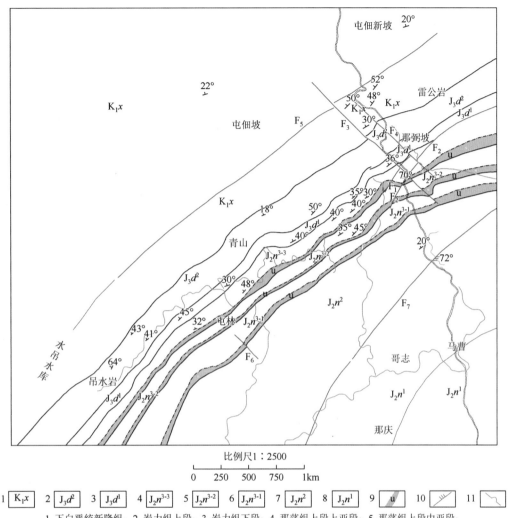

1 $\boxed{K_1x}$ 2 $\boxed{J_3d^2}$ 3 $\boxed{J_3d^1}$ 4 $\boxed{J_2n^{3-3}}$ 5 $\boxed{J_2n^{3-2}}$ 6 $\boxed{J_2n^{3-1}}$ 7 $\boxed{J_2n^2}$ 8 $\boxed{J_2n^1}$ 9 $\boxed{u}$ 10 $\boxed{\diagup}$ 11 $\boxed{}$

1. 下白垩统新隆组；2. 岽力组上段；3. 岽力组下段；4. 那荡组上段上亚段；5. 那荡组上段中亚段；
6. 那荡组上段下亚段；7. 那荡组中段；8. 那荡组下段；9. 铀矿化层；10. 断层；11. 水系

图 7-5 屯林矿床地质图

由浅灰色中厚层细粒长石石英砂岩和紫红色泥岩或粉砂质泥岩组成，靠底部局部见钙质胶结的同生砾岩。砂岩内微斜层理、微波层理、波状水平层理发育，产硅化木化石。上部为紫红色泥岩夹细砂岩，与 J_2n^2 为冲刷面接触。

浅灰色长石石英砂岩在底部常见明显的冲刷构造，与下伏紫红色泥岩呈冲刷接触关系，并常见粗大硅化木或硅化木碎块。向上砂岩粒度变细、长石含量减少，局部为浅灰色石英砂岩。紫红色泥岩或粉砂质泥岩中，常夹灰紫色、紫红色石英细砂岩、粉砂岩透镜体。浅色砂岩和红色砂岩基本上呈互层产出，但砂岩层不连续，为透镜状。产状东西两端略陡，倾角为 45°左右，中段缓些，倾角为 35°～45°，倾向为 310°～320°。在 44 线局部见伽马异常。

②中亚段（J_2n^{3-2}）：出露于低山、丘陵交汇处，厚度为 54～106m。由浅灰色长石石英砂岩和紫红色泥岩组成。下部为灰绿色中厚层细粒长石石英砂岩，常见 1 或 2 个

冲刷面，冲刷面上常有灰绿色泥砾和碳质物，碳质物集中部位有伽马增高及异常，是铀矿化层位之一。上部紫红色泥岩夹细砂岩，泥岩内常见灰白—灰绿色钙质泥线，厚 40～80m。

浅灰色长石石英砂岩沿走向局部变为浅灰色石英砂岩。底部一般可见冲刷构造。成分上碳质碎屑比下部多。紫红色泥岩中夹有灰紫色石英细砂岩、紫红色粉砂岩透镜体。

砂岩沿走向也大致呈透镜状分布。地层产状规律为：中段（3-31 线）平缓，为 $320°\angle 37°$；北东段（63 线）产状较陡，为 $301°\angle 45°～55°$；南西段（44-90 线）产状更陡，为 $315°\angle 63°～83°$。浅色砂岩中有弱矿化，为本区的下含矿层。

③上亚段（J_2n^{3-3}）：出露于低山区，厚度为 64～134m。主要由浅灰色、灰绿色长石石英砂岩和紫红色泥岩、粉砂质泥岩组成。以灰绿色长石石英砂岩底部的冲刷构造与下伏紫红色泥岩为界。本砂岩层为研究区的主要含矿层。含矿浅色层以上为紫红色泥岩夹紫灰色石英细砂岩数层。

下部为浅色砂岩夹薄层紫红色泥岩，砂岩中发育单斜层理、斜波状层理、波状层理、交错层理等，为主要含矿层。该层较稳定，厚 20～70m，向两端变薄（20～40m），浅色层中夹 1 层至数层紫红色泥-砂岩，夹层厚度变化较大。上部为紫红色泥岩夹细砂岩，或为紫红色细砂岩，厚 40～100m。

综上所述，中侏罗统那荡组上段（J_2n^3）上、中、下三亚段是由底部的浅色长石石英砂岩和上部的红色泥岩夹石英细砂岩这样下粗上细的半韵律组成。下部包括几个小韵律，为相对动荡的环境。中上部基本上是单个半韵律组成，为相对稳定的环境，反映了一个湖进的过程，且各亚段下部浅灰色长石石英砂岩是重要的含矿层位。

4. 上侏罗统崇力组（J_3d）

上侏罗统崇力组出露于那荡组上段的北侧，组成低山斜坡，在新棠实测剖面厚度为 303.7m。据岩性特征及岩石组合可分为上、下两段。

（1）下段（J_3d^1）：厚度为 59～122m，其中在新棠实测剖面厚度为 126m。主要由浅灰色岩屑质石英砂岩、长石石英砂岩与紫红色泥岩互层组成。浅色砂岩底部常以明显的冲刷构造与下伏红色泥岩分界。其成分特点是岩屑增加，长石减少。砂岩层连续性较差，似层状。紫红色泥岩中常夹浅灰色粉砂质泥岩或粉砂岩团块或条带。产状变化特点是北东缓，南西陡，产状为 $320°\angle 35°～70°$。

（2）上段（J_2d^2）：新棠剖面厚度为 177.7m，可分为上、下两亚段。

①下亚段：厚度为 90～131m。紫灰色—灰白色中细粒石英砂岩，局部地段为中细—细粒长石石英砂岩夹紫灰色粉砂岩泥岩组成。

②上亚段：厚度为 84～148m。由灰白—黄白色中细粒石英砂岩夹少量紫灰色粉砂质泥岩或紫红色泥岩。

上、下亚段不同点是下部粒度比上部细，砂岩所占比例下部比上部小。共同点是：砂岩岩屑含量较多，粒度较粗（中细—中粒）、冲刷现象明显，而层理一般不太清晰，产状为 $325°\angle 51°～60°$，与下段呈明显的冲刷接触关系。近顶部局部见伽马异常。

5. 下白垩统新隆组（K_1x）

新隆组（K_1x）：矿区仅见底部，出露于矿区北缘，组成低山与山脊。主要由紫灰色中粒—中粗粒石英砂岩、砂砾岩、砾岩组成。底部紫红色砾岩、砂砾岩，往上为紫红色细粒石英砂岩与泥岩互层，厚度为大于 500m。与下伏岽力组（J_3d）呈微角度不整合接触（图 7-6）。

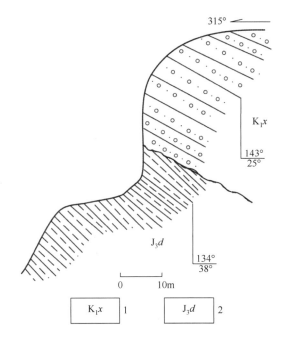

图 7-6　白垩系与侏罗系（D08 点）微角度不整合素描图

1. 下白垩统新隆组砂砾岩；2. 上侏罗统岽力组泥质粉砂岩

6. 第四系（Q）

该地层为残坡积砂、砾、黏土，冲洪积物，分布于半坡及河谷。

7.2.2　含矿砂体及含矿主岩特征

1. 含矿砂体特征

1）含矿浅色砂体空间特征

J_2n^3 为一系列浅色砂体夹紫红色泥岩组成，砂体之间常相变为紫红色泥岩、泥质粉砂岩。砂体内部也经常夹一些紫灰色或青灰色泥岩、泥质粉砂岩，靠近底部偶尔可见钙质砾岩。

砂体形态及产状：含矿浅色砂岩呈扁平透镜状，不连续产出。砂体一般长 150～200m，厚 7～15m；个别长达 500～3000m，厚 5～62m，沿倾向延伸 220～340m。矿体产状与地层一致。地表与深部相比，呈现地表缓、深部陡的特征。

含矿浅色砂岩层沉积规律：因含矿浅色层的沉积规律发育不完全，不易对比划分。仅粗略地将 I 矿化区段含矿浅色层划分为三个沉积韵律层，其特征从上至下叙述如下。

第 I 韵律：浅灰色略带紫，细粒石英砂岩或长石石英砂岩，长石含量低。岩石致密坚硬，为钙质胶结。底部含紫红色泥砾，以水平层理为主，偶见斜波状层理。见零星矿化或异常。

第 II 韵律：灰绿色—浅灰黑色，韵律的中部即矿化部位为浅灰红色中细粒长石石英砂岩，含碳质碎片及碎屑，钙质、泥质胶结，矿化部位碳酸钙重结晶（方解石脉）现象明显。含青灰色泥砾，第 II 韵律的底部局部含灰色灰岩砾石。可见单向斜层理，帚状层理。屯林矿床矿化主要赋存于该韵律的中、下部。

第 III 韵律：灰褐色-杂灰色中粒或中细粒长石石英砂岩，在其中、下部含紫红色泥砾，胶结物较少，岩石较为松散，水平层理或由赤铁矿、磁铁矿-黑云母组成的条带状层理发育。

2）含矿浅色砂体岩相特征

含矿浅色砂体的外形呈朵状或新月状展布，其粒度在垂直剖面上具有下细上粗的特点，构成明显的倒韵律。结合沉积构造特征，将含矿地层确定为滨湖三角洲前缘相，近地表处为以中细粒砂岩为主的支流口砂坝亚相，往深部过渡为以细粒砂岩和粉砂岩组成的远砂坝亚相。从野外地质特征结合室内粒度分析资料看出：含矿浅色层的特点显示为河流沉积和滨湖沉积双重作用影响下的产物。

3）含矿浅色砂体岩石学特征

J_2n^3 为矿区内主要含矿层，由一套紫红色泥岩、粉砂岩夹浅色长石石英砂岩、浅紫红色石英砂岩组成。铀矿化即赋存于浅色长石石英砂岩中。其颜色为灰色、浅灰色及灰红色，细—中粒，少数为中—粗粒及含砾不等粒砂岩。本区含矿浅色砂岩岩石类型较复杂，主要为岩屑长石砂岩、长石石英砂岩，其次为岩屑石英砂岩、长石岩屑砂岩和长石砂岩等（图7-7）。岩石主要由石英、长石、岩屑组成，其次有黑云母、白云母，碳质碎片及少量重矿物组成。

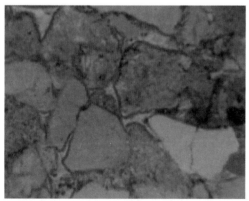

(a) 嵌晶胶结、正交偏光×200，粗大的方解石晶体彼此　　　(b) 介壳状胶结×40单片光，绢云母、水云母的细小晶体
镶嵌接触，其中包含许多碎屑颗粒　　　　　　　　　　　垂直碎屑颗粒围绕碎屑生长

图 7-7　砂岩岩石特征

石英为主要碎屑矿物，个别可见次生加大现象。长石有钾长石、斜长石，少量微斜长石。云母主要为黑云母，次为白云母，并见有部分黑云母已变成绿泥石。云母常顺层分布，因压实作用的影响常变成弯曲状。重矿物含量少，主要为磁铁矿、赤铁矿、钛铁矿，次为锆石、电气石等。灰质碎片呈长条状，不规则状。岩屑含量变化较大，为7%～67%，岩屑成分绝大部分为沉积岩，变质石英岩很少。沉积岩岩屑主要为泥岩、泥质灰岩、灰岩，其次为硅质岩、页岩、粉砂岩。

含矿浅色砂岩主要由钙质胶结，其次为铁质胶结。钙质主要是粗晶方解石及少量细晶方解石组成。方解石常交代长石、石英及泥质岩屑。泥质主要为绢云母和水云母。胶结类型主要为孔隙式胶结、嵌晶胶结，其次为接触-孔隙式、介壳状和方解石分布不均呈斑点状胶结。岩石分选性较好至中等，少数较差，通常细粒砂岩较粗粒的分选性要好一些。磨圆度较差，一般为次棱角至次圆。岩石的成熟度低。含矿浅色砂岩的上述特点说明沉积物当时沉积速度快，搬运的距离短。

含矿浅色砂体碎屑沿走向上可以看到Ⅰ、Ⅲ矿化区段粒度较粗，Ⅱ、Ⅳ、Ⅴ、Ⅵ区段较细。倾斜方向地表粗、向深部变细。

含矿浅色层沿走向从Ⅰ矿化区段向Ⅲ矿化区段紫红色泥岩夹层增多。主含矿层（即第Ⅱ韵律层）上下浅灰色微带紫色的细粒石英砂岩层逐渐增多，厚度也相应有所增加。沿倾向延伸相变成淡紫灰色的细粒石英砂岩夹薄层长石石英砂岩，且含矿性减弱或没有矿化。

2. 含矿主岩特征

该矿床的含矿主岩主要为灰红色、灰微带红色砂岩，其次为灰白色、暗灰绿色和浅灰红色砂砾岩或砾岩，灰黑色、深灰色粗粉砂岩和粉砂质泥岩。各类岩石特征如下所述。

（1）砂岩：主要为岩屑长石砂岩，长石石英砂岩，其次为长石岩屑砂岩和少量的岩屑石英砂岩、长石砂岩等。含矿砂岩成分复杂，其中石英含量一般为50%～60%，最高可达73%，最低为25%；长石含量一般为20%～30%，最高可达47%，最低为8%；岩屑含量一般为10%～25%，最高达67%，最低为7%。分选较差，以含砾不等粒、中—细粒为主，细粒次之。普遍含青灰色及灰绿色泥砾或灰色灰岩砾石。岩石碎屑磨圆度较差，成熟度低，以孔隙式胶结为主，其次为孔隙-接触式。大多数为钙质胶结，并且已重结晶为粗晶方解石，含有较多的有机质及分散状黄铁矿，矿石具有不同程度的"红化"，该种含有机质、黄铁矿砂岩矿石为主要矿石类型。

（2）砂砾岩或砾岩：多呈不稳定透镜体状产出。主要由灰色灰岩及浅紫色泥灰岩砾石组成，其次见有一些粉砂岩及泥岩砾石。胶结物为钙质及中细粒砂，有的钙质胶结物为红色。岩石中含有碳质碎片及星散状黄铁矿。砾石磨圆度中等，粒度一般大小为0.5～0.4cm，大的为1cm×（2～2.5）cm。

（3）灰黑、深灰色粉砂岩及粉砂质泥岩：多呈透镜体状出现，碳质呈细分散状均匀地分布在其中，并含黄铁矿和一定的钙质。

后两种矿化岩石分布不普遍，仅在局部地段出现。

总体而言，含矿砂岩有以下特征。

（1）含矿主岩岩石类型主要为岩屑长石砂岩、长石石英砂岩，其次为长石岩屑砂岩，极少量为岩屑砂岩、长石砂岩、岩屑石英砂岩等。含矿主岩分选较差，长石、岩屑含量高，成分较复杂。

（2）含矿主岩颜色大多为灰红色、灰带微红色，次为深灰色、黑灰色等。

（3）含矿主岩含有较多的半凝胶化有机质及较多的分散状黄铁矿。

（4）含矿主岩的胶结物大多数以钙质胶结为主，部分重结晶为粗晶方解石。

（5）含矿主岩以含砾不等粒砂岩、中粒—细中粒砂岩为主。

7.2.3 矿区构造

矿区构造简单，主要表现为成岩后的褶皱和断裂。构造线方向与地层走向一致，为北东向构造体系。与地层走向一致的 F_1、F_6 为压扭性断裂破碎带，见硅化，有重晶石、方铅矿、闪锌矿等充填。与北东向断裂配套的北西向规模较小的张性断裂产于 J_3d 和 J_2n^3 中，切割了地层，也有硅化现象。褶皱在矿区主要是由单斜地层中倾角的变化表现出来，即东缓西陡、南缓北陡，造成各层在空间展布上的不协调。

1. 褶皱

矿区总体上表现为向北西倾的单斜构造，为十万大山向斜的南东翼。但该翼受后期构造影响，矿化区地层褶皱发育，地表多见有"平卧背斜褶皱"，轴面近地表平缓向深部变陡至直立最后再转为反倾，整体呈 S 形展布。褶皱长达 10km 以上，影响 J_2n^3 及 J_3d 的总厚度达 400m。矿化也随之发生折转复杂化。

2. 断裂

矿区及其附近构造主要有三组（图 7-8）。

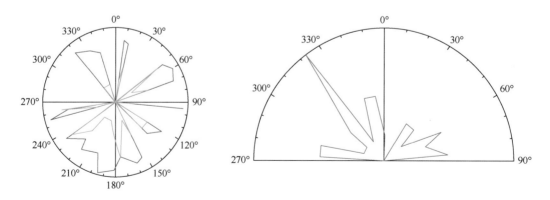

图 7-8 断层及节理倾向（左图）及走向（右图）玫瑰花图

北东组：走向为 35°～50°，规模大，长数千千米，宽 20～30m。盆地南缘多为南东倾向、倾角陡；北侧多为北西倾向、倾角为 60°～80°。为挤压破碎带，常发育硅化透镜体及串珠状重晶石脉，见星散状黄铁矿、方铅矿、闪锌矿、黄铜矿，团块状紫色萤石。该组断裂形成于白垩纪早期，并多次持续活动。

北西组：规模较大，横切地层，可分两组。一组属张性，北东倾向、倾角陡，宽 2～3m，角砾岩发育，见构造泥与重晶石；另一组为压扭性，为右江系主干断裂，产状倾向北东，倾角为 60°～80°，宽 6～10m，见角砾岩，有硅化，断裂交汇处见重晶石、萤石。

东西组：一般规模小，最大者长 2～3km，产状为 160°～180°∠69°～75°，破碎带可宽达数十米，有重晶石充填。

上述断裂主要分布于矿床矿（化）点外围。矿床矿（化）点多为北东向及北西向小规模断裂，长数十米至数百米，最长大于 1km。断裂中有角砾岩、碎裂岩及石英、方解石、重晶石脉与金属硫化物。

7.2.4　矿体特征

屯林矿床工业矿体主要赋存在 J_2n^{3-3} 浅色砂岩层的中下部。矿体呈透镜状、扁豆状和似层状等。矿体与砂岩的产状基本一致，走向为 45°～50°，倾向北西。矿体与砂体倾角变化大，矿体在地表产状缓，倾角为 35°～40°，向深部变陡，倾角为 75°～85°。矿体一般长 50～100m，最大长度为 450m，最小为 50m。最大厚度为 3.7m，最小为 0.86m，平均厚度为 0.66m。相对于砂岩型铀矿（边界品位 0.01%～0.03%），本矿床品位较高，一般品位为 0.1%～0.2%，最高品位达 0.837%，单工程最高品位达 2.541%。

铀矿化在空间上与沉积冲刷构造以及褶皱、断裂构造密切相关。目前本区发现的工业矿化大都产于浅色砂岩（即主矿砂岩）的冲刷构造面附近或冲刷构造中，且屯林矿床靠近区域性的南局断裂，其工业矿体则出露于矿床内 S 褶皱上段近核（轴）部及其上、下翼部位（图 7-9）。根据综合研究，铀矿体形成之后，产生 S 形褶皱，后期流体叠加富集。

已控制矿体标高为–250～70m，垂幅为 320m；多为隐伏矿体，矿体埋深 0～320m。

7.2.5　矿石特征

1. 矿石矿物成分

组成矿石的矿物成分为矿石矿物和脉石矿物两类（表 7-1）。

从表 7-1 看出：矿石矿物成分较简单，由沥青铀矿、铀石组成。脉石矿物较为复杂。

1）沥青铀矿

沥青铀矿分布不广，主要以胶状形式产出，多具收缩干裂纹，单个颗粒大小多在 0.05mm 左右，个别大的颗粒可达 0.15mm×0.26mm。

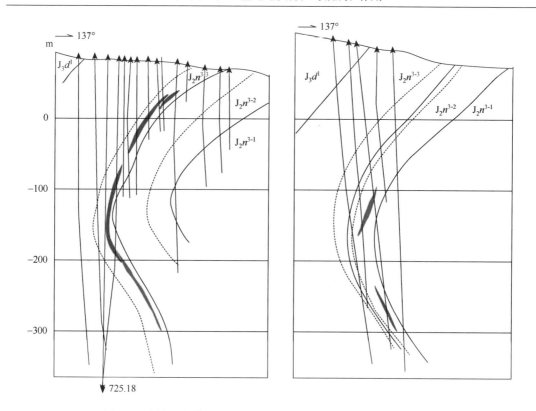

图 7-9　屯林矿床Ⅰ区段 9 号（左）和 19 号（右）勘探线剖面图

（图中红色为矿体，蓝色为矿化体）

表 7-1　矿石的矿物组成表

矿石矿物	脉石矿物	
	金属矿物	非金属矿物
沥青铀矿	黄铁矿	方解石
	黄铜矿	有机质
	闪锌矿	长石
	斑铜矿	石英
	黝铜矿	
铀石	赤铁矿	黏土矿物
	菱锌矿	

沥青铀矿主要以下面七种形式出现。

（1）沿碳质、泥质物组成的微层理分布的粒状沥青铀矿，其颗粒大小为 0.26mm×0.156mm，边部具干裂纹，中间包一些偏胶状黄铁矿（图 7-10）。

（2）充填交代有机质细胞腔中，呈小球状和纺锤状（图 7-11）。

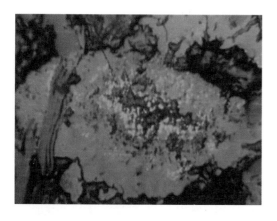

图 7-10　粒状沥青铀矿（单偏光×128）

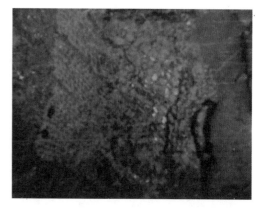

图 7-11　沥青铀矿充填交代有机质细胞腔
（单偏光×140）

（3）沿砂岩碎屑颗粒边缘呈薄膜状（图 7-12）。

（4）呈碎屑颗粒的胶结物形式产出（图 7-13）。

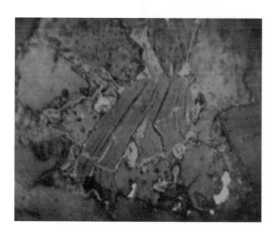

图 7-12　沥青铀矿呈薄膜状（单偏光×140）

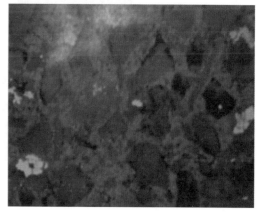

图 7-13　胶结状沥青铀矿（单偏光×90）

（5）沥青铀矿切割胶结物，呈不规则细脉状（图 7-14）。

（6）沿黄铁矿结核的边缘或充填交代黄铁矿结核的裂纹，呈不规则状（图 7-15）。

（7）沥青铀矿对黄铁矿结核、有机质及方解石有明显的交代现象（图 7-16）。

根据沥青铀矿在矿石中产出的特点，将其分为三个类型。第一类型：充填在有机质胞腔和沿微细碳质物所构成的微层理分布的粒状沥青铀矿，这些沥青铀矿和显微球粒状黄铁矿密切共生，与其形成的时间基本相同，属早期成岩阶段的产物。该类型沥青铀矿很少，铀大部分呈细分散状被有机物质、黏土、显微球粒状黄铁矿等胶体物质所吸附。第二类型：为胶结显微球粒状黄铁矿的沥青铀矿、沿黄铁矿结核的边缘产出的沥青铀矿、呈胶结状和沿碎屑颗粒边缘呈薄膜状的沥青铀矿。晚期成岩阶段，岩石碎屑大量被胶结，该阶段在层

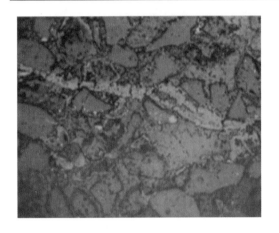 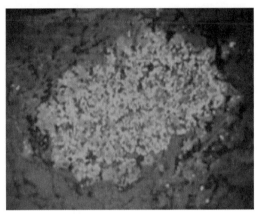

图 7-14 不规则细脉状沥青铀矿（单偏光×70）　　图 7-15 黄铁矿结核边部及内部交代充填的沥青
　　　　　　　　　　　　　　　　　　　　　　　　　　　　　铀矿（单偏光×140）

图 7-16 沥青铀矿交代方解石颗粒（单偏光×140）

间水及扩散等方式的影响下，使成矿物质重新分配、结合和改造，使铀进一步富集，并有较多的铀矿物产生。故这几种形式产出的沥青铀矿应为此阶段的产物。第三类型：呈微细脉状、凝块状及大量的胶结状的沥青铀矿。沥青铀矿切割砂岩胶结物，呈细脉状产出，并与微细方解石脉伴生。该类型沥青铀矿对早期形成的方解石等有交代现象（图 7-16）。大量的沥青铀矿形成于这个阶段，是后生改造的结果。

2）铀石：$(USiO_4)_{1-x}(OH)_{4x}$

铀石为铀的硅酸盐类矿物，在较富的矿石中出现。前人经电子探针分析结果表明：铀石中铀含量一般为 51%～61.71%，最高为 73.44%，最低为 45.89%，经计算后 SiO_2 含量一般在 9.4% 左右，最高为 13.64%，最低为 8.27%。硅在铀石中分布是均匀的，基本上不含钍（中南 309 队第五分队，1976）。

铀石多以胶结物形式出现，在碎屑颗粒边上产出或是呈小球状和葡萄状围绕碎屑产出；有的具较好的晶形，其晶体为近柱状及等轴状，并见有放射状晶簇分布在方解石细脉中。具有较好晶形者产在方解石细脉边缘。还可以见到铀石交代充填有机质细胞壁。

3）黄铁矿

（1）颗粒状黄铁矿。一般颗粒大小为 0.01mm 左右，与碎屑矿物一同从蚀源区搬来。铀矿化与胶状黄铁矿关系十分密切，可见有沥青铀矿胶结球粒状黄铁矿（图 7-17 左）。

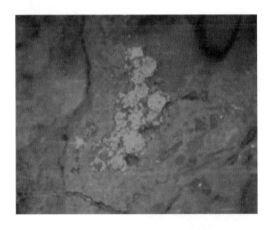

图 7-17　球粒状黄铁矿及其周围的沥青铀矿（单片光×70）（左）；花朵状黄铁矿背散射电子成像（×300）（右）

（2）偏胶状黄铁矿：在岩石、矿石中分布很广。主要有：①花朵状黄铁矿，其中心为泥质和石英质点，黄铁矿围绕中心生长为花朵状，它本身也是交代充填有机质胞腔所形成（图 7-17 右）；②球粒状、纺锤状和小透镜状的黄铁矿，该种黄铁矿多充填在有机质的细胞腔中和沿其边部产出；③结核状黄铁矿和碳质物一起顺层理分布，呈很小的透镜体状或球状出现，偏胶状黄铁矿和铀矿化的关系也较密切；④结晶状黄铁矿，该种黄铁矿分布较广，一般呈自形、半自形到他形粒状。除在有机质边缘及其胞腔中和碎屑胶结物中的黄铁矿，在后期白色方解石脉中也可以见到晶形为立方体的黄铁矿。该种黄铁矿与矿化的关系不明显。

黄铁矿的形成时间延续较长，从早期成岩→晚期成岩→后生改造阶段都有黄铁矿形成。

4）黄铜矿及闪锌矿

黄铜矿分布不广，仅在 9 号和 11 号线的个别孔中见到，主要以他形粒状产出（图 7-18），多分布在胶结物中，还可以见到呈乳滴状分布在黝铜矿中。闪锌矿很少呈他形粒状。对碎屑颗粒有交代现象（图 7-19）。

5）黝铜矿及方铅矿

黝铜矿很少，仅在后期方解石脉中呈不连续脉状产出。在黝铜矿中可见到乳滴状黄铜矿及方铅矿（图 7-20）。

6）有机质

有机质在含矿浅色砂岩中广泛分布，在矿石中普遍存在。经后来的挤压多已弯曲变形。此外，在此次研究中发现有沥青存在（图 7-21）。

图 7-18　黄铜矿（单片光×70）

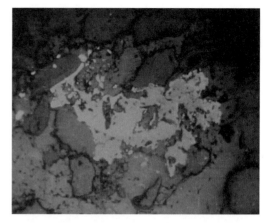

图 7-19　闪锌矿及其边部灰白色黄铁矿

（单片光×70）

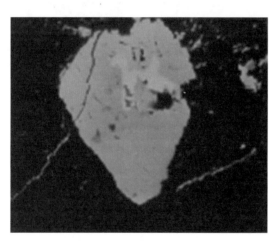

图 7-20　黝铜矿背散射电子成像（×500）

图中暗灰色为黝铜矿，亮灰色为方铅矿

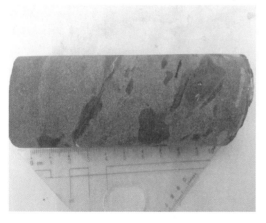

图 7-21　ZK9901 孔中的沥青

7）方解石

矿化岩石中方解石十分发育，尤其是矿石中皆含一定量的各种形式的方解石，主要有以下三种形式。

（1）以砂岩胶结物形式产出的方解石：在矿石中普遍存在，重结晶现象普遍发育，致使砂岩呈嵌晶式胶结，对砂岩碎屑交代的现象普遍存在导致砂岩孔隙度降低。

矿石中 $CaCO_3$ 的含量比弱矿化和没有矿化的岩石中高，矿化与胶结状方解石关系十分密切。有的矿石中可以见到胶结状方解石在铀矿物和黄铁矿所组成的凝块周围呈一圈出现（图 7-22）。

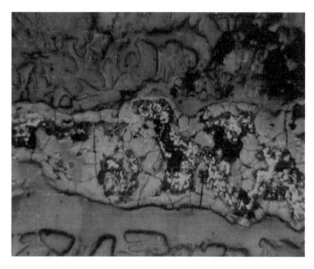

图 7-22　微细沥青铀矿在方解石脉边产出（脉的一部分）（单偏光×32）

（2）显微方解石细脉：一般延伸不长，铀矿化与之关系密切。

（3）脉状方解石：该类方解石又有三种产出状态，即水平产出（图 7-23）、倾斜产出（图 7-24）和垂直产出（图 7-25）。

图 7-23　水平产出的方解石脉（左）及水平和垂直产出的方解石脉（右）

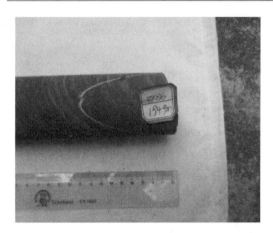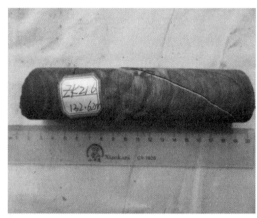

图 7-24　倾斜产出的方解石脉

2. 矿石结构、构造特征

（1）矿石结构：沥青铀矿和铀石主要为细分散状结构，其次为隐晶状，个别铀石呈自形半自形粒状结构。

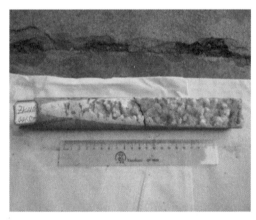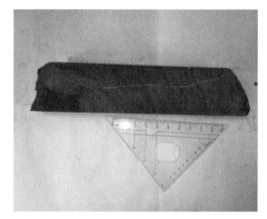

图 7-25　垂直产出的方解石脉

（2）矿石构造：根据铀矿物集合体的形状和在矿石中分布的特点，主要有七种构造类型。

①层状构造：从 X 光底板光片看，铀的分布与由有机质细小碎片、黏土物质及偏胶状黄铁矿所构成的层理一致。

②条带状构造：较多的矿石具此种构造特征。从普通放射性照片看，铀矿物呈条带状分布，与组成水平层理的黄铁矿和有机质碎片等有关。在有机质中及其旁侧皆有胶状黄铁矿，铀矿化与之一致，其中，铀以铀矿物形式出现。

③细分散-浸染状构造：该种构造在本矿床中占主要地位。铀在矿石中分布均匀或较均匀，多与细小偏胶状黄铁矿、粉末状有机质及黏土质胶结物有关。感光部位与这些物质是吻合的，铀多以吸附状存在于胶结物、黄铁矿、有机质之中及其周围。

④薄膜状构造：铀矿物沿碎屑颗粒表面和有机质的边缘沉淀，形成一个不规则的壳层。

⑤胶结状构造：铀矿物呈胶结物形式胶结碎屑颗粒。铀矿物充填孔隙或排挤砂岩胶结物而成。在胶结物中还可以见到一些偏胶状黄铁矿和铀矿物在一起。

⑥不规则脉状构造：铀矿物切割砂岩胶结物沿某一方向产出而形成。

⑦凝块状构造：铀矿物和黄铁矿一起凝聚成大小不等的团块不均匀地分布在矿石中（图 7-26）。

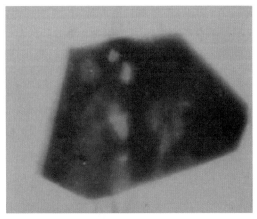

图 7-26　矿石特征（左：矿石光片；右：矿石放射性照相图片）

3. 主要矿石类型

根据含矿主岩的颜色、结构构造及成分，将矿石分为以下三种类型。

（1）灰黑色粉砂岩或粉砂质泥岩型：矿石灰黑色发红，含均匀细分散碳质物、黄铁矿，以钙质胶结为主。

（2）灰红色长石石英细砂岩或含砾细砂岩型：呈玫瑰色、砖红色，细—中细粒结构，岩屑成分复杂，含青灰色次棱角—次圆状泥岩砾石，分选差，成熟度低，以钙质胶结为主，见粗晶方解石，含较多碳质、黄铁矿，为主要矿石类型。

（3）红灰色砂砾岩型：红化明显，砾石多为次棱角—次圆状深灰色泥岩、浅紫灰色泥灰岩，砾径为 0.4~0.5cm，个别为 1~12cm，钙质细砂质胶结，含顺层星散状碳质碎片及细脉状黄铁矿。

4. 铀存在形式

铀在矿石中呈铀矿物和吸附状态两种形式存在。铀矿物主要为沥青铀矿，次为铀石。沥青铀矿呈小球状、纺锤状、薄膜状、细脉状、不规则状或胶结状，明显交代黄铁矿、方解石、有机质。铀石见于较富矿石中，呈球粒状、葡萄状、短柱状、等轴状、放射状、晶簇状、胶结状，充填交代有机质细胞壁或在方解石脉中及脉壁。

铀与胶状、偏胶状黄铁矿及有机质关系密切。

7.2.6 控矿因素

综合分析研究屯林 375 矿床铀矿产出特征，铀成矿受地层岩性、古气候、构造等多重因素控制。

1. 地层岩性因素控制

屯林 375 矿床铀矿化严格受层位与岩性控制，铀矿化主要赋存于 J_2n^{3-3} 下部浅灰绿色中厚层中细粒长石石英砂岩中。该砂岩的顶底板均为厚度较大的紫红色泥岩。砂岩的特点是色浅（灰绿），碎屑以花岗质为主，岩石中富含碳质、铁质等物，并发育多个（2 或 3 个）冲刷构造-冲刷面，这些冲刷构造中亦富含碳质、泥质、铁质以及泥砾等。矿体与砂体的产状基本一致，且严格受浅色砂体的控制。

2. 沉积环境及古气候因素控制

通过综合分析，屯林 375 矿床形成于滨湖三角洲前缘相支流口砂坝亚相及河道亚相内。矿化受一定的相带所控制。I 矿化区段内工业铀矿化都产在富含有机质及黄铁矿的滨湖三角洲前缘支流口沙坝亚相的中细粒砂岩之内，超出该亚相带，矿化随之尖灭或变弱。屯林地区浅色层含矿岩石物质组成中长石、岩屑和碳酸盐含量高，富含煤线、有机质与铁（硫化物）混合物，粒度细，分选好，磨圆中等，沿走向稳定，矿化层位在浅色层下部含砾长石石英中粒砂岩之上，夹于两层含煤线长石石英细砂岩之间，处于湖相沉积盆地边缘与沉积中心过渡带的沼湖相，为还原环境中的沉积。同时表明当时的沉积区应距剥蚀区不太远，气候潮湿，雨量大，地壳运动强烈，地形相差悬殊，搬运沉积速度快，而且沉积后迅速埋藏，气候即转向干热，在蒸发量不断增大的条件下成岩。

3. 构造因素控制

铀矿化在空间上与沉积冲刷构造以及褶皱、断裂构造密切相关。目前屯林地区发现的工业矿化大都产于浅色砂岩（即主矿砂岩）之冲刷构造面附近或冲刷构造中，且屯林 375 矿床靠近区域性的南局断裂，其工业矿体则出露于矿床内 S 褶皱上段近核（轴）部及其上、下翼部位。这反映了矿体形成和保存受构造影响巨大。

4. 区域地质构造背景控制

通过综合研究发现，屯林 375 矿床的形成与区域构造背景有密切的关系。沥青铀矿同位素年龄测定有 113Ma、61Ma、51Ma、38Ma，这分别相当白垩纪中晚期、古新世、始新世和渐新世。该四期成矿时代基本上对应 K_1 末期、K_2 末期、E_1 末期、E_2 末期。此 4 次构造运动分别导致下白垩统与上白垩统不整合接触、E_{1-2} 与 K_2 不整合、E_2 与 E_1 不整合、E_3 与 E_2 不整合接触。

可见以屯林 375 矿床为代表的十万大山盆地铀矿受构造运动及地质构造环境的影响是很大的，是多期次、多阶段形成的砂岩型铀矿。

7.2.7　成矿时代及形成温度

我国砂岩型铀矿成矿时代较铀储层相对较晚，具有成矿持续时间长的特点，如伊犁铀矿测得最新成矿时代为 3Ma，甚至可以说到目前仍在成矿。

对于十万大山盆地屯林 375 矿床，前人通过测试沥青铀矿测得到多组数据，分别为 113Ma、61Ma、51Ma、38Ma，与含矿浅色砂岩形成于中侏罗世（162Ma）比较，矿岩时差相对较大，且持续时间长。

成矿温度：据 18 个方解石均一法包体测温结果，多为常温至 100℃ 以下，个别达 217℃。另外沥青铀矿与黄铁矿、黄铜矿、闪锌矿等中低温矿物伴生，特别是铀石的出现，认为是热水作用的标型矿物，这就说明本区铀矿床的形成是在中侏罗统沉积后再经多期次含铀热液作用的产物，是中低温热液叠加改造作用的结果。

7.3　屯林 375 矿床地球化学特征

在矿床地球化学研究中，采集了屯林 375 矿床钻孔岩心样品，为了对比，采集了区域上的花岗岩及相关岩石样品。样品送往核工业北京地质研究院分析测试中心进行加工及分析。常量元素用 X 荧光分析法，微量元素用 ICP-MS 进行分析。

7.3.1　常量元素地球化学特征

常量元素一般指地壳中含量较多的 O、Si、Al、Fe、Ca、Na、K、Mg 及 Ti 等几种常见元素，它们是构成地壳的主体元素。在层间氧化作用过程中，含氧含铀地下水沿含矿层运移，与围岩必然发生水-岩反应，使原生矿物产生溶解、交代、重结晶和自生胶结作用，造成元素的迁入和迁出。因此通过围岩和矿石常量元素特征可推断成矿过程、成矿作用等地质信息。

1. 样品元素特征分析

各类岩石样品的元素分析结果如下（表 7-2）。

表 7-2　岩石样品化学全分析表（%）

样品类型	样品编号	SiO$_2$	Al$_2$O$_3$	Fe$_2$O$_3$	MgO	CaO	Na$_2$O	K$_2$O	MnO	TiO$_2$	P$_2$O$_5$	烧失量	FeO
围岩	ZK216-31*	55.78	15.95	6.52	2.3	5.09	0.827	3.98	0.055	0.674	0.131	8.34	2.39
	ZK216-36**	70.16	13.44	4.42	1.81	1.2	3.27	1.97	0.04	0.487	0.117	2.65	2.71
	ZK216-42*	54.04	17.08	7.04	2.34	4.8	0.625	4.31	0.059	0.673	0.137	8.5	2.45
	ZK816-15-5**	43.96	8.44	2.29	0.809	22.1	2.18	1.6	0.362	0.287	0.077	17.84	1.07
	ZK9901-28*	75.67	7.37	3.79	1.15	4.1	1.29	1.01	0.048	0.353	0.577	4.23	2.31
	ZK9901-45**	78.5	7.39	2.15	1.3	3.4	1.33	0.967	0.033	0.171	0.136	4.48	1.63
	ZK9901-57*	64.09	13.11	5.01	1.57	4.83	0.958	2.8	0.055	0.611	0.122	6.82	2.05
	ZK216-40*	57.71	10.37	3.85	1.95	10.93	3.06	0.752	0.19	0.375	0.096	10.41	3.37
	ZK816-15-3**	52.21	10.52	3.4	1.7	14.38	2.71	1.49	0.258	0.438	0.124	12.75	2.39
	均值	61.35	11.52	4.27	1.66	7.87	1.81	2.10	0.12	0.45	0.17	8.45	2.26
矿化	ZK216-35	64.98	13.51	4.78	2	3.71	3.26	1.9	0.081	0.424	0.124	4.81	4.23
矿石	ZK9901-46	52.46	5.27	4.45	0.819	17.25	0.794	0.983	0.349	0.226	0.095	16.96	2.27
	ZK9901-47	59.52	16.26	7.25	2.35	2.51	0.843	3.94	0.073	0.73	0.137	6.33	2.42
	均值	55.99	10.77	5.85	1.58	9.88	0.819	2.46	0.211	0.48	0.116	11.65	2.35
花岗岩	NQ-06	72.65	14.07	2.63	0.458	1.82	2.22	4.70	0.034	0.371	0.136	0.83	1.86
	NQ-07	72.35	14.02	3.23	0.463	1.12	1.91	5.00	0.04	0.377	0.136	1.34	2.5
	NQ-100	71.81	14.23	3.12	0.503	1.54	2.13	4.84	0.037	0.357	0.127	1.20	2.46
	NQ-115	70.69	14.12	3.84	0.872	1.81	2.00	4.59	0.045	0.52	0.138	1.29	3.04
	均值	71.87	14.11	3.205	0.574	1.573	2.065	4.783	0.039	0.406	0.134	1.17	2.465

注：*为泥岩；**为砂岩。

（1）围岩样品：是指铀含量小于 100×10^{-6} 的样品。围岩岩性主要是长石石英砂岩，SiO$_2$ 含量较高，为 43.96%～75.67%，均值为 61.35%；Al$_2$O$_3$ 含量为 7.37%～17.08%，均值为 11.52%；Fe$_2$O$_3$ 含量为 2.15%～7.04%，均值为 4.27%；MgO 含量为 0.809%～2.34%，均值为 1.66%；CaO 含量为 1.2%～22.1%，均值为 7.87%；Na$_2$O 含量为 0.625%～3.27%，均值为 1.81%；K$_2$O 含量为 0.967%～4.31%，均值为 2.10%；MnO 含量为 0.04%～0.362%，均值为 0.12%；TiO$_2$ 含量为 0.171%～0.674%，均值为 0.45%；P$_2$O$_5$ 含量为 0.077%～0.577%，均值为 0.17%；FeO 含量为 1.07%～3.37%，均值为 2.26%；烧失量为 2.65%～17.84%，均值为 8.45%。

（2）矿化样品：矿化样品指铀含量大于 100×10^{-6}，小于 300×10^{-6} 的样品。在矿区钻孔样品中仅有一个样品铀含量属于矿化样品（ZK216-35），岩性为矿化泥质粉砂岩、长石石英砂岩，SiO$_2$ 含量为 64.98%，Al$_2$O$_3$ 含量为 13.51%，Fe$_2$O$_3$ 含量为 4.78%，MgO 含量为 2%，CaO 含量为 3.71%，Na$_2$O 含量为 3.26%，K$_2$O 含量为 1.9%，MnO 含量为 0.081%，TiO$_2$ 含量为 0.424%，P$_2$O$_5$ 含量为 0.124%，FeO 含量为 4.23%。

（3）矿石样品：矿石样品指铀含量大于 300×10^{-6} 的样品。分析测试的矿石样品中，SiO$_2$ 含量为 52.46%～59.52%，均值为 55.99%；Al$_2$O$_3$ 含量为 5.27%～16.26%，均值为 10.765%；Fe$_2$O$_3$ 含量为 4.45%～7.25%，均值为 5.85%；MgO 含量为 0.819%～2.35%，均值为 1.585%；

CaO 含量为 $2.51\%\sim17.25\%$，均值为 9.88%；Na_2O 含量为 $0.794\%\sim0.843\%$，均值为 0.819%；K_2O 含量为 $0.983\%\sim3.94\%$，均值为 2.462%；MnO 含量为 $0.073\%\sim0.349\%$，均值为 0.211%；TiO_2 含量为 $0.226\%\sim0.73\%$，均值为 0.48%；P_2O_5 含量为 $0.095\%\sim0.137\%$，均值为 0.116%；FeO 含量为 $2.27\%\sim2.42\%$，均值为 2.35%。烧失量为 $6.33\%\sim16.96\%$，均值为 11.65%。

（4）花岗岩样品：SiO_2 含量较高，为 $70.69\%\sim72.65\%$，均值为 71.875%；Al_2O_3 含量为 $14.02\%\sim14.23\%$，均值为 14.11%；Fe_2O_3 含量为 $2.63\%\sim3.84\%$，均值为 3.205%；MgO 含量为 $0.458\%\sim0.872\%$，均值为 0.574%；CaO 含量为 $1.12\%\sim1.82\%$，均值为 1.573%；Na_2O 含量为 $1.91\%\sim2.22\%$，均值为 2.06%；K_2O 含量为 $4.59\%\sim5\%$，均值为 4.78%；MnO 含量为 $0.034\%\sim0.045\%$，均值为 0.039%；TiO_2 含量为 $0.357\%\sim0.52\%$，均值为 0.406%；P_2O_5 含量为 $0.127\%\sim0.138\%$，均值为 0.134%；FeO 含量为 $1.86\%\sim3.04\%$，均值为 2.47%。烧失量为 $0.83\%\sim1.34\%$，均值为 1.17%。

综上所述，从此次样品的分析结果来看，砂岩的化学全分析总体呈现的趋势是主要组分的含量波动不大，说明他们的物质来源是一致的。SiO_2、Al_2O_3 含量较高，占总量的大部分，CaO、MgO 含量变化较大，碱土金属 Na 较低，表明砂岩沉积时外部表生环境相对稳定。部分样品烧失量较高，特别是矿石烧失量高，说明矿化与方解石化关系密切。

2. 元素相关性分析

沉积岩中许多常量元素的地球化学行为具有相似性，元素之间有一定的相关性。元素之间的相关性能够反映沉积岩的物源性质和沉积作用的特征。因此探讨元素的相关性有利于揭示控制元素分布的主要因素。

采用 SPSS17.0 软件，对屯林 375 矿区的几个钻孔常量元素进行了分析，元素相关性采用 Person 相关分析，得到了各个样品化学组分的相关系数矩阵表（表 7-3），并做出了各元素之间的关系图解（图 7-27）。

表 7-3　样品化学组分相关系数矩阵

	SiO_2	Al_2O_3	Fe_2O_3	MgO	CaO	Na_2O	K_2O	MnO	TiO_2	P_2O_5
SiO_2	1	0.060	−0.329	−0.355	−0.802[**]	0.113	0.214	−0.781[**]	−0.219	0.409
Al_2O_3	0.060	1	0.578[*]	0.365	−0.611[*]	−0.038	0.811[**]	−0.604[*]	0.810[**]	−0.263
Fe_2O_3	−0.329	0.578[*]	1	0.773[**]	−0.214	−0.471	0.259	−0.207	0.856[**]	−0.030
MgO	−0.355	0.365	0.773[**]	1	−0.063	−0.100	−0.182	−0.108	0.666[**]	−0.076
CaO	−0.802[**]	−0.611[*]	−0.214	−0.063	1	0.026	−0.571[*]	0.977[**]	−0.359	−0.222
Na_2O	0.113	−.038	−0.471	−0.100	.026	1	−0.229	0.084	−0.303	−0.196
K_2O	0.214	0.811[**]	0.259	−0.182	−0.571[*]	−0.229	1	−0.543[*]	0.502[*]	−0.192
MnO	−0.781[**]	−0.604[*]	−0.207	−0.108	0.977[**]	0.084	−0.543[*]	1	−0.381	−0.274
TiO_2	−0.219	0.810[**]	0.856[**]	0.666[**]	−0.359	−0.303	0.502[*]	−0.381	1	−0.075
P_2O_5	0.409	−0.263	−0.030	−0.076	−0.222	−0.196	−0.192	−0.274	−0.075	1

** 相关性在 0.01 水平时显著。

* 相关性在 0.05 水平时显著。

分析结果如下所述。

（1）研究区样品中 Si 作为主量元素，占据主导地位，SiO_2 的含量与 Al_2O_3、K_2O、Na_2O 存在着微弱的正相关，这表明 Si 元素主要赋存在碎屑矿物中，随着 SiO_2 的递减，碎屑黏土矿物逐渐增多。

（2）SiO_2 含量与 MgO、CaO 呈现明显的负相关性，其中与 CaO 负相关系数达到 0.802，随着 Si 含量的递减，CaO 含量呈现明显的上升趋势。

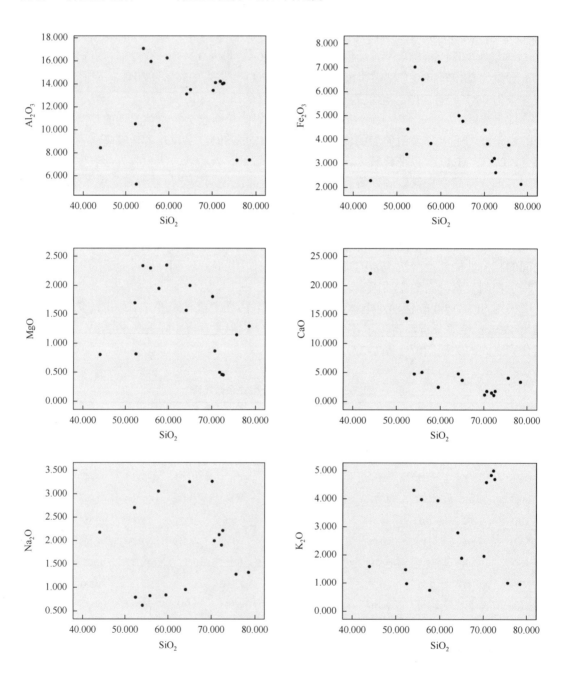

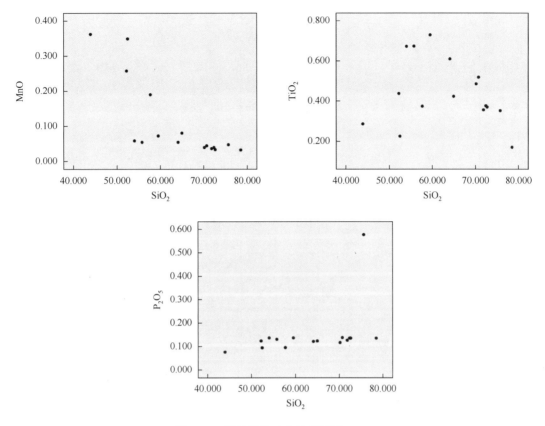

图 7-27　样品常量元素关系图解（%）

（3）P_2O_5、K_2O、Na_2O 之间的相关性较差，它们与其他元素之间的相关性同样较差。

（4）TiO_2 的化学性质比较稳定，风化后不易形成可溶性络合物，TiO_2 和 Al_2O_3 呈现明显的正相关关系，相关系数达 0.810，反映了陆源特征。

（5）杨蔚华（1993）的研究表明沉积岩的物源性质和沉积作用特征往往可以利用元素之间的相关性来反映。Fe-Mg 和 Ti-Fe 表现出了显著的正相关线性关系，表明物源区大量存在岩浆岩，因为搬运距离不远，所以碎屑物水解不充分，基本保留了岩浆岩原有的 Ti-Fe、Fe-Mg 线性相关关系。根据所采样品的 Ti-Fe、Fe-Mg 的正相关性，判断屯林 375 矿区砂岩的物源部分可能来自花岗岩体。

3. 常量元素变化规律

根据分析数据，做出不同地质体常量元素含量变化分布曲线图（图 7-28），各元素变化规律如下。

（1）SiO_2 为样品含量最高的组分，从围岩样到矿化样，最后到铀矿石，SiO_2 含量逐渐减少，表明了在层间氧化带中，由于水解作用，砂岩中的 SiO_2 逐渐迁出。矿石中的 SiO_2 含量最低，这是因为在碱性的环境中，石英发生溶解，使得硅质成分被带走。Al_2O_3 为样品中的第二高含量的组分，其含量的变化从围岩到矿化样呈现出较为平稳的变化趋

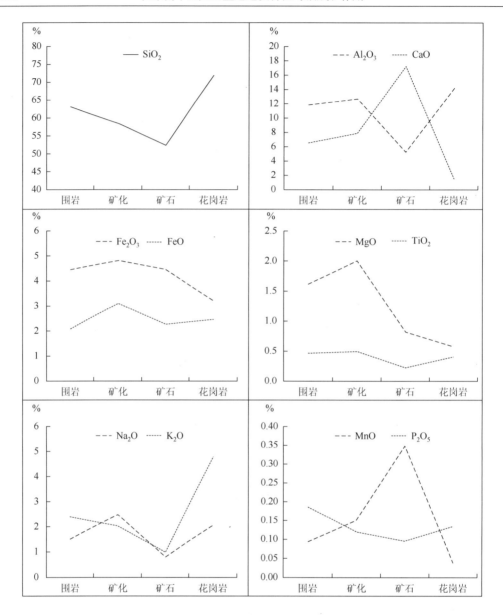

图 7-28　常量元素含量变化分布曲线图

势，但是大体变化趋势和 SiO_2 的变化情况相似，铀矿石中 Al_2O_3 的含量最低。K_2O、Na_2O 含量变化趋势较为相似，总体趋势是从围岩到矿石呈现出降低的趋势，表明在层间氧化作用过程中遭受溶蚀作用，长石类矿物黏土化，导致 K、Na 的流失。Si、Al、K、Na 四种元素中，Si 的变化范围最大，表明 SiO_2 在砂岩层间氧化过程中较其他几种元素的活动性强。

（2）CaO 含量在矿化样品和矿石中较围岩中高，并在矿石样品中明显增高，反映氧化带中 Ca 淋失，钙质胶结物含量少，在含矿带中富集，钙质胶结物增加。这可能是由于 Ca 主要赋存在长石等矿物中，随着水解作用，在氧化带从长石等矿物中分解出来，迁移

至含矿带中与 CO_3^{2-} 结合的结果；也可能是后期热液中的 CO_3^{2-} 与 Ca 作用，在形成铀矿过程中形成方解石。

（3）Fe_2O_3 从围岩到矿化再到矿石，理论上受层间氧化作用应该出现一定的规律性，但是可能因为分析的样品数量不够，没有很好表现出其应有规律性，故不做进一步讨论。

（4）MgO 与 CaO 类似，在矿化砂岩中含量较围岩高，一方面砂岩中含 MgO 的矿物主要为黑云母等暗色矿物，在野外往往发现铀含量高的砂岩黑云母明显富集；另一方面在含矿带中 MgO 易与碳酸根结合，造成 MgO 富集。

（5）TiO_2 在各种样品中变化比较平缓，可能是 TiO_2 主要赋存在稳定矿物中，在层间氧化的过程中，不易发生化学变化。在水解的过程中，硅酸盐矿物发生溶蚀与淋失，可能导致岩石体积变小，从而导致 TiO_2 在矿石中含量略有降低。

（6）MnO 和 P_2O_5 元素的含量总体处于较低的状态，无法准确地判断其地质意义。

7.3.2　微量元素地球化学特征

微量元素是研究各种地质-地球化学作用过程的重要工具，利用微量元素的组成和变化特征可以了解岩石或矿床的成因和演化信息，揭示壳幔物质交换等各种地球化学动力学过程。在矿床地球化学研究中，可以通过对微量元素的研究来了解成矿物质的来源，揭示成矿机理。

1. 微量元素富集特征

利用所得的分析结果（表 7-4），以中国沉积岩元素平均含量为基准，对样品的含量进行标准化，计算元素的富集情况。相对富集系数 $Q=w$（样品）$/w$（中国沉积岩），当 $Q>1$ 时，表明该元素在样品中相对富集，当 $Q<1$ 时，表明该元素在样品中相对亏损。

表 7-4　主要微量元素分析结果表（$\times 10^{-6}$）

样品类型	样品编号	Cs	Pb	Th	U	Nb	Hf	Mo	Sc	V	Cu
围岩	ZK216-31[*]	18	25.8	14.7	4.71	14.5	5	2.27	14.2	132	62.4
	ZK216-36[**]	2.77	31.5	7.13	3.16	8.1	2.57	2.49	7.57	59.3	26.9
	ZK216-42[*]	18.5	32	14.4	5.24	14.4	4.5	0.87	15.1	111	126
	ZK816-15-5[**]	2.14	20.1	5.5	1.97	5.13	1.21	2.63	5.13	42	24.6
	ZK9901-28[*]	3.93	13.3	9.24	30.3	7.25	3.94	13	3.96	86.7	93.5
	ZK9901-45[**]	2.74	8.79	5.66	17.9	4.63	1.95	10.9	3.06	31.6	78.5
	ZK9901-57[*]	11.9	22	12.6	10.5	12.6	4.22	3.41	10	72.8	36.2
	ZK216-40[*]	1.85	6.81	6.22	14	6.56	2	0.622	5.34	46	51.5
	ZK816-15-3[**]	2.14	10.9	6.58	55.6	8.28	2.53	1.2	8.67	56.3	24.9
矿化	ZK216-35	2.59	164	6.23	197	7.57	2.29	13.2	5.7	68.2	57.1
矿石	ZK9901-47	18.9	29.9	14.7	527	15.4	5.17	6.23	13.6	118	56.8
	ZK9901-46	3.41	107	5.59	4702	7.01	2.14	59.7	2.91	35.5	171

样品类型	样品编号	Cs	Pb	Th	U	Nb	Hf	Mo	Sc	V	Cu
花岗岩	NQ-06	9.5	31.5	25.7	5.49	11.2	2.68	3.45	4.89	25.1	12
	NQ-07	13.1	32.9	25.7	7.25	12.5	2.78	3.37	5.01	25.1	12.7
	NQ-100	12.9	28.4	23.4	4.7	10.9	2.38	2.67	5.51	26.6	14.6
	NQ-115	9.47	33.1	23.3	4.66	14.2	2.43	5.69	8.22	59.7	31
中国沉积岩（据黎彤，1994）		6.9	11	8.7	2	9.9	3.9	0.56	10	54	28

样品类型	样品编号	Ni	Rb	Ba	Ta	Zr	Sr	Ga	Zn	Co	Cr
围岩	ZK216-31*	34.7	178	827	1.2	139	136	19.1	118	14.6	75.4
	ZK216-36**	15.8	63.2	591	0.569	80.1	318	13.8	61.3	8.69	43
	ZK216-42*	35.8	185	794	1.13	139	128	21.4	170	14.7	74.9
	ZK816-15-5**	15.1	54.7	631	0.51	44.6	564	10.3	47.4	5.44	25.5
	ZK9901-28*	13.6	43.3	397	0.625	122	88.6	7.76	105	5.88	42.6
	ZK9901-45**	7.71	39.7	435	0.389	54.2	119	7.18	78.3	3.85	16.8
	ZK9901-57*	26.8	123	511	1.05	129	111	15.2	86.6	12.2	55.6
	ZK216-40*	19.1	29.3	181	0.446	55	215	10.9	68	10.9	33.9
	ZK816-15-3**	22.8	51.4	631	0.553	75.5	434	12.5	62.5	9.81	42.4
矿化	ZK216-35	28.8	59.9	571	0.521	75.4	360	15.9	98	14.8	46.1
矿石	ZK9901-47	32.7	175	665	1.2	150	87.1	20.5	109	14.3	72.6
	ZK9901-46	14	40.3	545	0.355	67.9	189	6.62	155	5.27	20.4
花岗岩	NQ-06	6.41	224	892	1.09	65	84.2	17.2	53.2	4.43	13.9
	NQ-07	6.32	277	856	1.2	81.8	79.4	19	50.9	4.2	14.5
	NQ-100	5.4	245	801	1.06	58	93	18.4	39.5	3.32	13.1
	NQ-115	16	223	1046	1.17	73.3	96.9	19	76.9	7.61	30
中国沉积岩（据黎彤，1994）		25	95	260	0.9	130	330	13	45	33	52

注：*为泥岩；**为砂岩。

将围岩、矿化岩石、矿石样品分别与中国沉积岩元素丰度做对比，计算出其对应的富集系数（表7-5），并由此得出富集特征表（表7-6）。

表7-5 主要微量元素富集系数表

样品类型	样品编号	Cs	Pb	Th	U	Nb	Hf	Mo	Sc	V	Cu
围岩	ZK216-31*	2.609	2.345	1.690	2.355	1.465	1.282	4.054	1.420	2.444	2.229
	ZK216-36**	0.401	2.864	0.820	1.580	0.818	0.659	4.446	0.757	1.098	0.961
	ZK216-42*	2.681	2.909	1.655	2.620	1.455	1.154	1.554	1.510	2.056	4.500
	ZK816-15-5**	0.310	1.827	0.632	0.985	0.518	0.310	4.696	0.513	0.778	0.879
	ZK9901-28*	0.570	1.209	1.062	15.150	0.732	1.010	23.214	0.396	1.606	3.339

续表

样品类型	样品编号	Cs	Pb	Th	U	Nb	Hf	Mo	Sc	V	Cu
围岩	ZK9901-45**	0.397	0.799	0.651	8.950	0.468	0.500	19.464	0.306	0.585	2.804
	ZK9901-57*	1.725	2.000	1.448	5.250	1.273	1.082	6.089	1.000	1.348	1.293
	ZK216-40*	0.268	0.619	0.715	7.000	0.663	0.513	1.111	0.534	0.852	1.839
	ZK816-15-3**	0.310	0.991	0.756	27.800	0.836	0.649	2.143	0.867	1.043	0.889
矿化	ZK216-35	0.375	14.909	0.716	98.500	0.765	0.587	23.571	0.570	1.263	2.039
矿石	ZK9901-47	2.739	2.718	1.690	263.500	1.556	1.326	11.125	1.360	2.185	2.029
	ZK9901-46	0.494	9.727	0.643	2351.000	0.708	0.549	106.607	0.291	0.657	6.107

样品类型	样品编号	Ni	Rb	Ba	Ta	Zr	Sr	Ga	Zn	Co	Cr
围岩	ZK216-31*	1.388	1.874	3.181	1.333	1.069	0.412	1.469	2.622	0.442	1.450
	ZK216-36**	0.632	0.665	2.273	0.632	0.616	0.964	1.062	1.362	0.263	0.827
	ZK216-42*	1.432	1.947	3.054	1.256	1.069	0.388	1.646	3.778	0.445	1.440
	ZK816-15-5**	0.604	0.576	2.427	0.567	0.343	1.709	0.792	1.053	0.165	0.490
	ZK9901-28*	0.544	0.456	1.527	0.694	0.938	0.268	0.597	2.333	0.178	0.819
	ZK9901-45**	0.308	0.418	1.673	0.432	0.417	0.361	0.552	1.740	0.117	0.323
	ZK9901-57*	1.072	1.295	1.965	1.167	0.992	0.336	1.169	1.924	0.370	1.069
	ZK216-40*	0.764	0.308	0.696	0.496	0.423	0.652	0.838	1.511	0.330	0.652
	ZK816-15-3**	0.912	0.541	2.427	0.614	0.581	1.315	0.962	1.389	0.297	0.815
矿化	ZK216-35	1.152	0.631	2.196	0.579	0.580	1.091	1.223	2.178	0.448	0.887
矿石	ZK9901-47	1.308	1.842	2.558	1.333	1.154	0.264	1.577	2.422	0.433	1.396
	ZK9901-46	0.560	0.424	2.096	0.394	0.522	0.573	0.509	3.444	0.160	0.392

注：*为泥岩；**为砂岩。

表 7-6 样品微量元素富集特征

样品类型	样品编号	$\leq Q < 10$	$10 \leq Q < 100$	$Q \geq 100$
围岩	ZK216-31*	Cs、Pb、Th、U、Nb、Hf、Mo、Sc、V、Cu、Ni、Rb、Ba、Ta、Zr、Ga、Zn、Cr		
	ZK216-36**	Pb、U、Mo、V、Ba、Ga、Zn		
	ZK216-42*	Cs、Pb、Th、U、Nb、Hf、Mo、Sc、V、Cu、Ni、Rb、Ba、Ta、Zr、Ga、Zn、Cr		
	ZK816-15-5**	Pb、Mo、Ba、Sr、Zn		
	ZK9901-28*	Pb、Th、U、Hf、Mo、V、Cu、Ba、Zn		
	ZK9901-45**	U、Mo、Cu、Ba、Zn		
	ZK9901-57*	Cs、Pb、Th、U、Nb、Hf、V、Cu、Ni、Rb、Ba、Ta、Ga、Zn、Cr	Mo	
	ZK216-40*	U、Mo、Cu、Zn		
	ZK816-15-3**	Mo、V、Ba、Sr、Zn	U	

续表

样品类型	样品编号	$\leq Q < 10$	$10 \leq Q < 100$	$Q \geq 100$
矿化	ZK216-35	V、Cu、Ni、Ba、Sr、Ga、Zn	U、Pb、Mo	
矿石	ZK9901-47	Cs、Pb、Th、U、Nb、Hf、Mo、Sc、V、Cu、Ni、Rb、Ba、Ta、Zr、Ga、Zn、Cr	Mo	U
	ZK9901-46	Pb、U、Mo、Cu、Ba、Zn		U、Mo

注：*为泥岩；**为砂岩。

（1）围岩富集的元素有 Cs、Pb、Th、U、Nb、Hf、Mo、Sc、V、Cu、Ni、Rb、Ba、Ta、Zr、Ga、Zn、Cr，其中所测试的样品 Pb、Mo、Ba、Zn、U 相对更加富集。需要特别说明的是所测试的样品中除去个别样品，大部分富集较高的 U，相对富集系数 Q 为 0.985~15.985，这表明本区域整体 U 含量较高，可以为铀成矿提供可能的来源。矿化岩石富集的元素为 Cs、Pb、Th、U、Nb、Hf、Mo、Sc、V、Cu、Ni、Rb、Ba、Ta、Zr、Ga、Zn、Cr，相对更加富集的元素有 U、Mo、Pb，其中 U、Mo 元素相对富集系数 Q 最高达到 98.50 和 23.571，所以可以把 Mo 作为 U 的指示元素。铀矿石主要富集的元素为 Pb、U、Mo、Cu、Ba、Zn，其中 U 强烈富集（含量达到 4702×10^{-6}），相对富集系数 Q 达到 2351，是品位很高的铀矿石。

（2）根据元素的含量，以中国沉积岩为标准，绘制不同岩石类型的微量元素蛛网图（图 7-29）。

由图 7-29 可以看出围岩、矿化岩石、矿石具有相同的特征变化趋势，在图形上均呈现"W"形，反映出不同元素的富集和亏损程度。从围岩到矿化岩石，再到矿石，元素的富集程度逐渐增强，亏损程度逐渐减弱，反映了它们具有相同的物源特征，但同时还可能伴随有后期的热液叠加改造。以原始地幔为标准，发现研究区的围岩、矿化岩石、矿石以及花岗岩的微量元素蛛网图走势几乎完全一致，这也进一步反映了它们有相同的物质来源（图 7-29）。

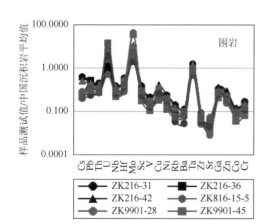

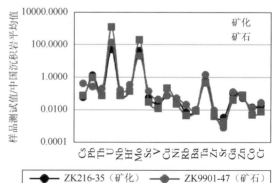

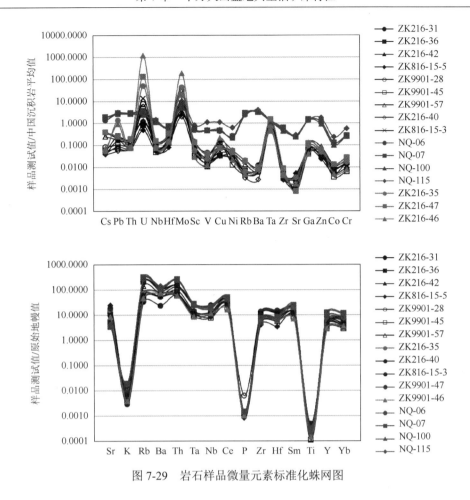

图 7-29 岩石样品微量元素标准化蛛网图

（3）随着 U 元素富集程度的逐渐增强，富集元素的数量有减少的趋势，亏损元素越来越多，反映成矿过程中，沿流体运移方向水岩作用逐渐减弱，成矿主岩的微量元素发生迁移变化，含量和组成发生了再分配。

2. 微量元素变化规律

不同的地质样品，其微量元素的富集和亏损程度往往会有一定的差异，本书选取其中的一个钻孔（ZK9901，表 7-7）的不同位置（从上到下）的样品，分析微量元素的含量的变化规律。

表 7-7 ZK9901 钻孔样品部分微量元素表（×10⁻⁶）

样品编号	样品类型	Zr	Hf	Sr	Sc	V	Mo	Ba	Ga	Cu	Th	U	Co	Ni
ZK9901-28	围岩	122	3.94	88.6	3.96	86.7	13	397	7.76	93.5	9.24	30.3	5.88	13.6
ZK9901-45	围岩	54.2	1.95	119	3.06	31.6	10.9	435	7.18	78.5	5.66	17.9	3.85	7.71
ZK9901-46	富矿石	67.9	2.14	189	2.91	35.5	59.7	545	6.62	171	5.59	4702	5.27	14
ZK9901-47	贫矿石	150	5.17	87.1	13.6	118	6.23	665	20.5	56.8	14.7	527	14.3	32.7
ZK9901-57	围岩	129	4.22	111	10	72.8	3.41	511	15.2	36.2	12.6	10.5	12.2	26.8

下面根据不同的元素组合来分开讨论。

1）放射性元素 U 和 Th

从图 7-30 中可以看出，U 元素含量在矿化岩石和矿石中含量明显高于围岩，表明在矿化过程中，U 强烈富集；而 Th 元素在不同的地质体中含量总体变化不大，总体上贫矿石中的含量明显高于高品位矿石和围岩中的含量。

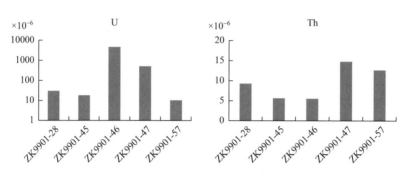

图 7-30　不同部分样品 U、Th 含量条形图

2）亲硫元素

从图 7-31 中可以看出 Cu、Co、Ni 在矿化岩石和矿石中的含量高于围岩中的含量，表明它们在成矿过程中发生了迁移富集。其中 Co 和 Ni 具有一定的磁性，可能来源于岩浆岩。

3）高场强元素

从图 7-32 可以看出高场强元素 Zr 和 Hf 含量在不同地质体中分布具有一定的相似性，表明 Zr 和 Hf 往往具有高度地球化学行为一致性，这些元素地球化学性质一般较稳定，不易受变质、蚀变和风化作用等的影响，但是总体上矿石样品中高场强元素含量明显低于围岩，说明在成矿的过程中，性质本身较稳定的元素还是发生了迁移亏损。

4）大离子亲石元素

从图 7-33 可以看出，Pb、Rb、Ba、Cs 元素在围岩中的含量低于矿石样品，其中 Pb 元素很好表征从围岩到贫矿石，再到富矿石，元素逐渐富集的情况，对于铀成矿具有很好的指示作用。Ba 元素也能很好地反映在成矿过程中，其趋向富集的趋势。

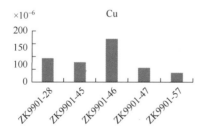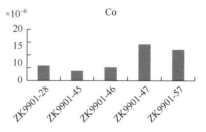

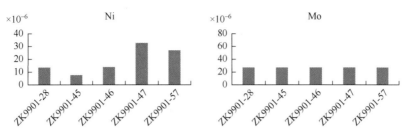

图 7-31　不同部位样品 Cu、Co、Ni、Mo 含量条形图

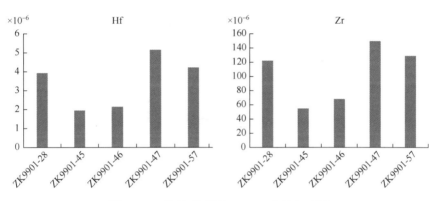

图 7-32　不同部位样品 Zr、Hf 含量条形图

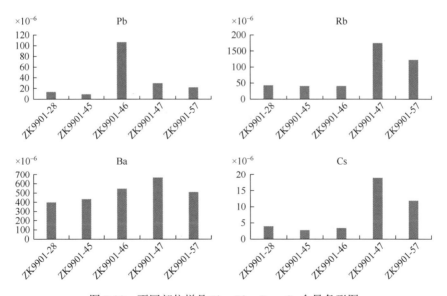

图 7-33　不同部位样品 Pb、Rb、Ba、Cs 含量条形图

综上所述，从纵向来看，从围岩-贫矿石-富矿石，成矿过程中，逐渐趋于富集的元素有放射性元素（U）、亲硫元素（Co、Ni 和 Mo）、大离子亲石元素（Pb 和 Ba），亏损的主要是高场强元素（Hf、Zr 等）。

3. 不同岩性样品微量元素特征

为了探讨不同岩性样品微量元素特征，对采集于 4 个钻孔中的砂岩和泥岩微量元素进行了统计分析，做出了微量元素蛛网图（图 7-34）。

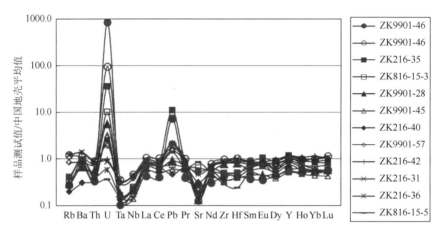

图 7-34　不同岩性样品微量元素中国地壳标准化蛛网图

从图 7-34 可以看出，总体而言，砂岩与泥岩的微量元素蛛网图基本一致，但砂岩的 U、Pb、Sr 元素含量明显高于泥岩。

4. 不同铀含量样品微量元素特征

根据采集的 4 个钻孔样品中铀含量的不同，做出微量元素蛛网图（图 7-35）。

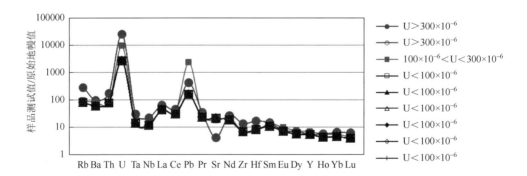

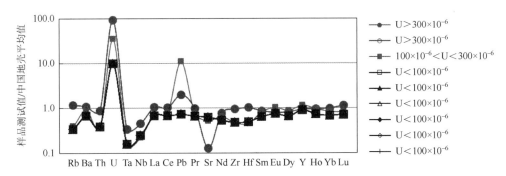

图 7-35　钻孔不同铀含量样品微量元素标准化蛛网图
原始地幔（上）和中国地壳（下）

由图 7-35 可以看出，总体上不同铀含量的岩石样品微量元素规律一致，铀矿石（U＞300×10⁻⁶）表现出高 U，高 Rb 低 Sr，高 U/Pb 的特点。矿化岩石（100×10⁻⁶＜U＜300×10⁻⁶）除高 U、Pb，低 U/Pb 外，与正常岩石（U＜100×10⁻⁶）微量元素分布规律一致。

5. 形成环境分析

（1）铀富集的古环境为一种还原环境。样品中微量元素中 U、Th、V、Ni 元素之间的含量可以作为古氧化还原反应的指示（Anderson et al.，1989），表 7-8 中列出了 U/Th、V/（V＋Ni）。

表 7-8　样品形成氧化还原环境判表

类型	样品编号	U/Th	V/（V＋Ni）
围岩	ZK216-31	0.320	0.792
	ZK216-36	0.443	0.790
	ZK216-42	0.364	0.756
	ZK816-15-5	0.358	0.736
	ZK9901-28	3.279	0.864
围岩	ZK9901-45	3.163	0.804
	ZK9901-57	0.833	0.731
	ZK216-40	2.251	0.707
	ZK816-15-3	8.450	0.712
矿化	ZK216-35	31.621	0.703
矿石	ZK9901-47	35.850	0.783
	ZK9901-46	841.145	0.717
判别标准	氧化环境	＜0.75	＜0.46
	厌氧环境	0.75～1.25	0.46～0.6
	缺氧环境	＞1.25	0.54～0.82
	闭塞环境	—	＞0.84
	文献来源	Jones et al.，1994	Jones et al.，1994

由表 7-8 可以看出，根据 U/Th 判别标准得出围岩中除了个别样品，大部分比值小于 0.75，处一种氧化环境，而在矿化样和矿石样中，比值均大于 0.75，且最大值达到 841，但考虑热液叠加改造作用，该参数不宜对铀矿形成环境进行对此。由 V/（V + Ni）判别标准反映出从围岩到矿化到矿石为一种强还原环境（缺氧环境），显然这个标准相对于 U/Th 相对更适合本区域的基本情况。

（2）围岩-矿化-矿石中，Pb、Sb、Mo 随着 U 的富集而呈现出逐渐增加的趋势。图 7-36 是 Pb、Sb 随着 U 的富集的散点图，表明铀成矿与热液叠加改造有关。

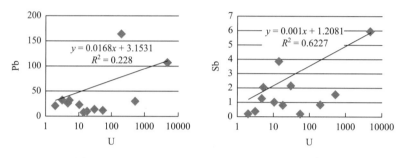

图 7-36　U 与 Pb 和 Sb 相关关系散点图（×10^{-6}）

7.3.3　稀土元素地球化学特征

稀土元素是一种特殊的微量元素，在微量元素地球化学研究中占有很重要的地位。稀土元素作为一组物理化学性质十分相似的元素，在任何地质体中都倾向于成组出现，它们均能形成稳定的三价阳离子，并且离子半径相近，随着原子序数的增加，离子半径逐渐减小，从而可以在化学行为上表现出一定的差异。

1. 稀土元素含量特征

对围岩、矿化、矿石、花岗岩样品进行样品稀土元素分析测试结果（表 7-9）和稀土元素参数计算（表 7-10），得出如下特征。

表 7-9　样品稀土元素分析测试结果表（×10^{-6}）

类型	样品编号	La	Ce	Pr	Nd	Sm	Eu	Gd	Tb	Dy	Ho	Er	Tm	Yb	Lu	Y
	ZK216-31*	38.2	69.7	8.26	31.4	5.93	1.2	4.93	0.918	5.31	0.925	3	0.523	3.14	0.423	29.6
	ZK216-36**	36.4	68.8	7.54	28.3	4.69	1.2	4.26	0.607	2.86	0.573	1.56	0.274	1.57	0.218	15.7
	ZK216-42*	34.6	65.5	7.86	31	6.13	1.36	5.66	0.994	5.91	1.02	3.04	0.467	3.61	0.418	30.9
	ZK816-15-5**	30.2	54.9	6.13	22.6	3.81	0.98	3.7	0.641	3.42	0.705	2.13	0.365	1.9	0.228	28.1
围岩	ZK9901-28*	26.7	47.3	5.79	22.1	4.02	0.696	3.88	0.573	3.03	0.541	1.67	0.291	1.75	0.23	19.7
	ZK9901-45**	21.5	37.8	4.59	17.5	3.2	0.709	3	0.488	2.34	0.444	1.23	0.205	1.38	0.173	13.8
	ZK9901-57*	34	63	7.53	28.8	5.47	1.15	4.84	0.825	4.72	0.853	2.63	0.4	2.76	0.383	25.8
	ZK216-40*	29.7	52.2	6	23.6	4.43	1.25	4.51	0.725	3.58	0.61	1.85	0.284	1.75	0.205	22.4
	ZK816-15-3**	28.5	53	6.27	24.6	4.67	1.18	4.4	0.673	4.09	0.695	2.06	0.411	2.17	0.294	24.2

类型	样品编号	La	Ce	Pr	Nd	Sm	Eu	Gd	Tb	Dy	Ho	Er	Tm	Yb	Lu	Y
矿化	ZK216-35	29.8	62.8	7.48	29.6	5.97	1.63	5.3	0.961	5.42	0.911	2.9	0.439	2.66	0.332	31.1
矿石	ZK9901-47	43.7	80.1	9.3	35.2	6.3	1.27	5.11	0.838	5.05	0.908	2.92	0.486	3.15	0.463	25.4
	ZK9901-46	17.7	30.8	3.62	13.8	2.68	0.556	2.48	0.432	2.66	0.48	1.52	0.261	1.72	0.231	14.5
	NQ-06	47.4	86.2	10.4	39.5	7.84	1.23	7	1.31	7.56	1.33	3.82	0.603	3.68	0.485	40.8
花岗岩	NQ-07	51.1	94.5	11.8	44.6	9.24	1.5	9.15	1.78	10.6	1.99	5.58	0.939	5.62	0.658	61.9
	NQ-100	45.5	81.4	10	37.9	7.81	1.36	7.95	1.47	9.3	1.7	4.9	0.792	4.96	0.611	55.1
	NQ-115	48.1	85.6	10.5	39.7	7.73	1.39	6.49	1.24	6.77	1.31	4.01	0.617	3.86	0.498	38.6
上地壳		30	64	7.1	26	4.5	0.88	36	0.64	3.5	0.8	2.3	0.33	2.2	0.32	22
下地壳		11	23	2.8	12	3.1	1.1	3.1	0.5	3.6	0.7	2.2	0.3	2.2	0.2	19

注：*为泥岩；**为砂岩。

表 7-10　样品稀土元素参数计算表

样品类型	样品编号	ΣREE /$(\times 10^{-6})$	LREE /$(\times 10^{-6})$	HREE /$(\times 10^{-6})$	LREE/HREE	$(La/Yb)_N$	δEu	δCe
围岩	ZK216-31*	173.86	154.69	19.17	8.07	8.73	0.66	0.92
	ZK216-36**	158.85	146.93	11.92	12.32	16.63	0.81	0.97
	ZK216-42*	167.57	146.45	21.12	6.93	6.87	0.69	0.94
	ZK816-15-5**	131.71	118.62	13.09	9.06	11.40	0.79	0.93
	ZK9901-28*	118.57	106.61	11.97	8.91	10.94	0.53	0.89
	ZK9901-45**	94.56	85.30	9.26	9.21	11.18	0.69	0.89
	ZK9901-57*	157.36	139.95	17.41	8.04	8.84	0.67	0.92
围岩	ZK216-40*	130.69	117.18	13.51	8.67	12.17	0.85	0.91
	ZK816-15-3**	133.01	118.22	14.79	7.99	9.42	0.78	0.93
	均值	140.69	125.99	14.69	8.8	10.69	0.72	0.92
矿化	ZK216-35	156.20	137.28	18.92	7.25	8.04	0.87	1.00
	ZK9901-47	194.80	175.87	18.93	9.29	9.95	0.66	0.93
矿石	ZK9901-46	78.94	69.16	9.78	7.07	7.38	0.65	0.89
	均值	136.87	122.51	14.35	8.18	8.67	0.66	0.91

注：*为泥岩；**为砂岩。

（1）围岩：围岩样品的岩性主要为石英砂岩和紫红色泥质粉砂岩，稀土元素总量 ΣREE 为 $94.56 \times 10^{-6} \sim 173.86 \times 10^{-6}$，均值为 140.69×10^{-6}。轻稀土元素（LREE）含量为 $85.30 \times 10^{-6} \sim 154.69 \times 10^{-6}$，均值为 125.99×10^{-6}，重稀土元素（HREE）含量为 $9.26 \times 10^{-6} \sim 21.12 \times 10^{-6}$，均值为 14.69×10^{-6}；轻重稀土比值 LREE/HREE 为 $6.93 \sim 12.23$，均值为 8.8，说明围岩样品强烈富集轻稀土，相对亏损重稀土。δEu 为 $0.53 \sim 0.81$，均值为 0.72，表现出负 Eu 异常，而 δCe 为 $0.89 \sim 0.97$，均值为 0.92，表现出微弱的负 Ce 异常，表明围岩在成岩的过程中处于不稳定环境，并伴随有后期热液的改造。

（2）矿化：矿化样品的岩性为灰绿色的泥质粉砂岩，稀土元素总量 ΣREE 为

$156.20×10^{-6}$；轻稀土元素（LREE）含量为 $137.28×10^{-6}$；重稀土元素（HREE）含量为 $18.92×10^{-6}$；轻重稀土比值 LREE/HREE 为 7.25，说明矿化岩石样品富集轻稀土，相对亏损重稀土。δEu 为 0.87，表现出负 Eu 异常，而 δCe 为 1，表现出 Ce 比较稳定，表明在矿化阶段，矿化样品遭到了后期流体的改造作用。

（3）矿石：稀土元素总量 ΣREE 为 $78.94×10^{-6}$～$194.8×10^{-6}$，均值为 $136.87×10^{-6}$；轻稀土元素（LREE）含量为 $69.16×10^{-6}$～$175.87×10^{-6}$，均值为 $122.51×10^{-6}$；重稀土元素（HREE）含量为 $9.78×10^{-6}$～$18.93×10^{-6}$，均值为 $14.35×10^{-6}$；轻重稀土比值 LREE/HREE 为 7.07～9.29，均值为 8.18，说明矿石样品强烈富集轻稀土，亏损重稀土。δEu 为 0.65～0.66，均值为 0.66，表现出负 Eu 异常，而 δCe 为 0.89～0.93，均值为 0.91，表现出微弱的负 Ce 异常或者说 Ce 比较稳定。

从围岩-矿化-矿石系列中，稀土元素总量变化不大，轻稀土含量和重稀土含量也比较稳定，但是 Eu 负异常表现得越来越明显，Ce 的异常程度越来越不明显，表明成矿过程中存在一种还原环境，这和层间氧化带模式相一致。

2. 稀土元素配分模式

（1）根据样品中稀土元素含量值，本书以 Sun 和 McDonough（1989）提出的 Cl 球粒陨石丰度值为标准进行标准化。可看出，围岩配分曲线都表现为平滑右倾，曲线形态基本一致，表明具有相同的物源；Eu 出现明显负异常，与上地壳特征也基本吻合。矿化和矿石的配分曲线与围岩的配分曲线表现出相似的特征，但是矿石中富矿石（ZK9901-46）的配分曲线相对于上地壳来说分异程度更高，Eu 负异常更加显著，反映了矿石强烈的后期改造。贫矿石（ZK9901-47）配分曲线与矿化样品的配分曲线更加接近，与富矿石之间存在差异，这进一步反映了在铀成矿作用中，铀在逐渐富集的过程中，成矿环境逐渐变为还原环境，Eu 异常越来越强烈是最好的证据。这也符合砂岩型铀矿的成矿过程。

（2）从图 7-37 和图 7-38 中不难发现，矿石和围岩以及研究区的花岗岩的稀土元素配分曲线的趋势十分地类似，说明成矿的物源可能来自研究区的花岗岩。

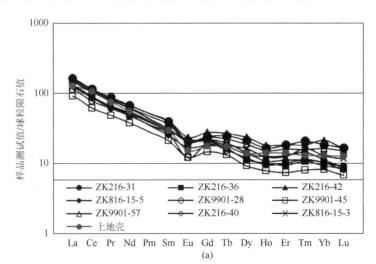

(a)

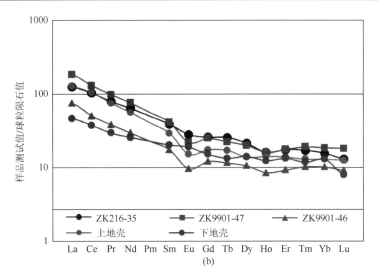

图 7-37 不同地质体的稀土元素球粒陨石标准化分布形式图

（a）围岩样品；（b）ZK216-35 为矿化样品，ZK9901-47、ZK9907-46 为矿石样品

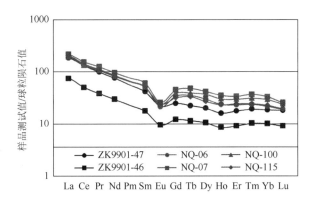

图 7-38 矿石和研究区花岗岩稀土元素球粒陨石标准化分布形式图

3. 不同岩性样品稀土元素特征

不同岩性样品稀土元素配分模式如图 7-39 所示。

从图 7-39 可以看出，砂岩及泥岩的稀土元素配分模式基本一致，砂岩的稀土总量偏低，Eu 负异常更明显。

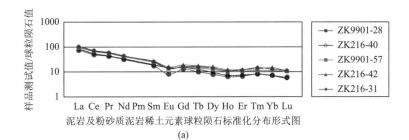

泥岩及粉砂质泥岩稀土元素球粒陨石标准化分布形式图

（a）

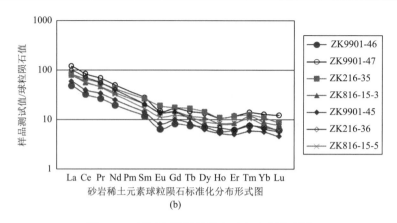

砂岩稀土元素球粒陨石标准化分布形式图

(b)

图 7-39　不同岩性样品稀土元素配分模式图

4. 不同铀含量样品稀土元素特征

不同铀含量样品稀土元素配分模式如图 7-40 所示。

从图 7-40 可以看出,矿区钻孔不同铀含量样品稀土总量极为接近,稀土元素配分模式也几乎一致,铀矿石中稀土元素总量相对较高,轻重稀土比值相对较高。

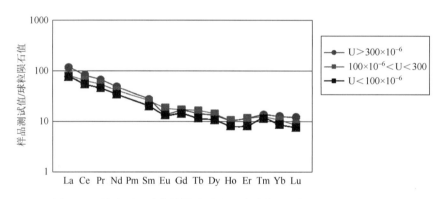

图 7-40　钻孔不同铀含量样品稀土元素球粒陨石标准化分布形式图

5. 成矿环境与 Ce、Eu 的关系

与其他稀土元素都呈 +3 价态不同,Eu 可以呈现 +2、+3 价,在还原的条件下,Eu 会从 +3 价还原到 +2 价,从而表现出与其他稀土元素不同的分配情况,在铀成矿的过程中,U 以 +6 价的形式迁移,在还原的条件下变成 +4 价而沉淀,这种 Eu 异常和 U 的富集关系就对应起来,对成矿环境的揭示提供了有力的证据。

Ce 元素正常情况下和其他稀土元素一样,都呈现出 +3 价,和其他稀土表现一样的配分特征,只有在氧化的情况下 Ce 才会变成 +4 价而迁移,造成 Ce 负异常。而在铀逐渐富集的过程中,Ce 整体情况变化不大,但是从围岩到矿化岩石,最后到矿石,Ce 表现出微弱的负异常到正常的趋势,这也从另一方面说明了在铀成矿过程中的,由氧化环境到还原环境的递变。

7.3.4　方解石地球化学特征

1. 方解石微量元素地球化学特征

本书采集并分析了矿区 4 个钻孔中的方解石样品，按照产出状态，分别做出微量元素蛛网图（图 7-41～图 7-44）。

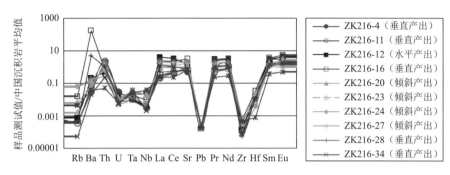

图 7-41　ZK216 孔方解石微量元素中国沉积岩标准化蛛网图

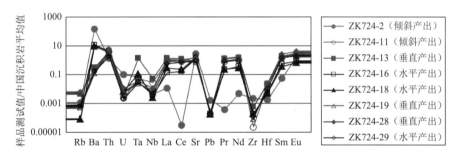

图 7-42　ZK724 微量元素中国沉积岩标准化蛛网图

从图 7-41 可以看出，与中国沉积岩比较，ZK216 孔方解石样品微量元素总体特征一致，均显示 Th、Pr、Nd、Sm、Eu 为正异常，Rb、U、Nb、Pb、Zr 为负异常。ZK216-16 和 ZK216-28 两个方解石样品中 Ba 含量特别高。

从图 7-42 可以看出，除 ZK724-2，其他方解石样品微量元素特征一致，均显示 Th、Ta、La、Sr、Pr、Nd、Sm、Eu 为正异常，Rb、U、Nb、Pb、Zr 为负异常。ZK724-16 和 ZK724-18 两个方解石样品中 Ba 含量特别高。ZK724-2 方解石样品中 Ba 显著正异常，Ce、Pr 则显著负异常。

由图 7-43 可以看出，总体而言，除 Ba 之外，ZK816 孔所有方解石样品的微量元素规律一致，其中倾斜产出与水平产出的方解石微量元素蛛网图更为一致，Th、Ta、La、Ce、Pr、Nd、Sm、Eu 等元素呈正异常。样品的 ZK816-2-6 样品中 La、Ce、Pr、Nd、Sm、Eu 等轻稀土元素较其他样品要低。

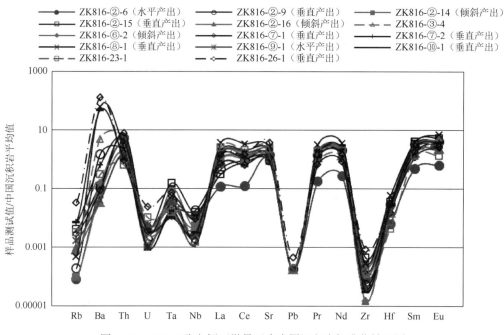

图 7-43　ZK816 孔方解石微量元素中国沉积岩标准化蛛网图

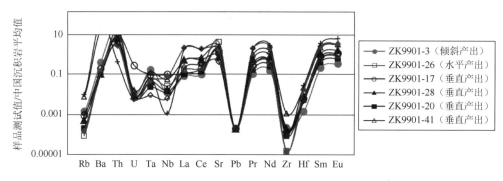

图 7-44　ZK9901 微量元素中国沉积岩标准化蛛网图

　　从图 7-44 可以看出，ZK9901 倾斜产出与水平产出的方解石微量元素蛛网图一致，与垂直产出的方解石的微量元素特征不一致。垂直产出的方解石 Ba 含量异常高，Rb、Nb、Zr 则较低。

　　2. 方解石稀土元素地球化学特征

　　本书采集并分析了矿区 4 个钻孔中的方解石样品稀土元素（表 7-11～表 7-14），按照产出状态，分别作出稀土元素球粒陨石标准化配分模式图（图 7-45～图 7-48）。

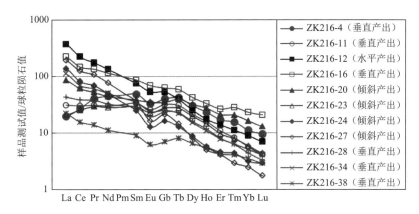

图 7-45　ZK216 孔方解石稀土元素球粒陨石标准化配分模式图

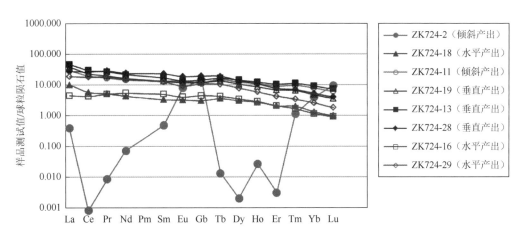

图 7-46　ZK724 稀土元素球粒陨石标准化配分模式图

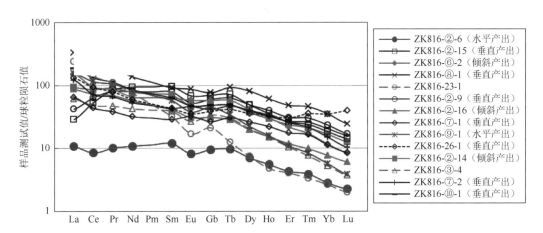

图 7-47　ZK816 稀土元素球粒陨石标准化分布形式图

表 7-11　ZK216 孔方解石稀土元素及参数

$\times 10^{-6}$

样品号	产状	La	Ce	Pr	Nd	Sm	Eu	Gd	Tb	Dy	Ho	Er	Tm	Yb	Lu	Y	ΣREE	LREE	HREE	LREE/HREE	(La/Yb)$_N$	δEu	δCe
ZK216-4	垂直	7.19	25.8	5.51	31.7	11.2	2.88	12.2	2.42	11.5	1.97	4.23	0.55	2.72	0.364	74.4	120.23	84.28	35.95	2.34	1.79	0.75	0.96
ZK216-11	垂直	11.4	28.9	4.22	21.4	7.74	2.25	9.72	1.77	8.11	1.34	2.67	0.288	1.39	0.157	57.7	101.36	75.91	25.45	2.98	5.54	0.79	0.98
ZK216-12	水平	137	211	23.8	94	17.2	4.58	16.2	2.26	9.65	1.48	3.41	0.393	2.2	0.265	59.6	523.44	487.58	35.86	13.60	42.08	0.84	0.87
ZK216-16	垂直	80.8	140	18.3	80.6	19.9	5.96	19	3.38	16.1	2.81	6.57	0.997	5.71	0.793	84.4	400.92	345.56	55.36	6.24	9.56	0.94	0.85
ZK216-20	倾斜	31.1	58.2	7.11	31.2	8.77	3.03	10.6	2.27	12.2	2.33	5.24	0.727	4.03	0.491	82.2	177.30	139.41	37.89	3.68	5.21	0.96	0.92
ZK216-23	倾斜	7.69	24.3	4.01	20	6.72	1.97	8.42	1.58	7.49	1.22	2.37	0.278	1.45	0.166	49.6	87.66	64.69	22.97	2.82	3.58	0.80	1.03
ZK216-24	倾斜	50.5	77.5	9.41	34.8	5.67	1.1	4.98	0.736	3.29	0.485	1.13	0.154	0.769	0.11	18.3	190.63	178.98	11.65	15.36	44.38	0.63	0.83
ZK216-27	倾斜	70	119	14.6	54.1	8.21	1.41	6.5	0.833	3.1	0.42	1.02	0.103	0.609	0.066	16.3	279.97	267.32	12.65	21.13	77.67	0.59	0.87
ZK216-28	垂直	15.7	36.9	5.18	23	6.52	1.67	7.27	1.31	6.06	0.988	1.98	0.219	1.08	0.126	38.8	108.00	88.97	19.03	4.67	9.82	0.74	0.96
ZK216-34	垂直	40.6	65.9	8.26	35.4	8	2.07	7.67	1.29	5.71	0.914	1.94	0.224	1.25	0.154	31.6	179.38	160.23	19.15	8.37	21.95	0.81	0.84
ZK216-38	垂直	8.11	14.8	1.87	7.93	2.06	0.535	2.12	0.463	2.46	0.459	1.05	0.143	0.863	0.11	14.2	42.97	35.31	7.67	4.60	6.35	0.78	0.89

表 7-12　ZK724 孔方解石样品稀土元素及参数

$\times 10^{-6}$

样品号	产状	La	Ce	Pr	Nd	Sm	Eu	Gd	Tb	Dy	Ho	Er	Tm	Yb	Lu	Y	ΣREE	LREE	HREE	LREE/HREE	(La/Yb)$_N$	δEu	δCe
ZK724-2	倾斜	0.387	0.002	0.003	0.135	0.3	1.85	12.2	0.002	0.002	0.006	0.002	0.107	2.71	0.992	0.388	18.70	2.68	16.02	0.17	0.10	2.96	0.01
ZK724-11	倾斜	28.5	51.2	6.28	27.8	8.31	3.1	10	2.34	12.7	2.52	6.1	0.928	5.28	0.632	82.7	165.69	125.19	40.50	3.09	3.65	1.04	0.90
ZK724-13	垂直	45.7	77.1	9.98	41.9	10.6	3.17	12	2.58	14.8	2.85	7.1	1.07	6.13	0.749	86	235.73	188.45	47.28	3.99	5.04	0.86	0.85
ZK724-16	水平	4.44	10.9	1.84	10.4	3.07	0.935	3.71	0.663	3.58	0.651	1.38	0.157	0.761	0.093	30.1	42.58	31.59	11.00	2.87	3.94	0.85	0.89
ZK724-18	水平	9.73	14.9	1.91	8.15	2.03	0.746	2.51	0.552	3.11	0.616	1.38	0.189	0.865	0.101	24.3	46.79	37.47	9.32	4.02	7.60	1.01	0.81
ZK724-19	垂直	37	60.5	7.32	31.3	8.2	2.78	9.81	2.09	10.9	1.97	4.6	0.625	3.17	0.373	71.5	180.64	147.10	33.54	4.39	7.89	0.95	0.86
ZK724-28	垂直	28.1	68.9	10.6	46	14.3	4.4	16	3.02	14.3	2.46	5.17	0.669	3.56	0.419	86.9	217.90	172.30	45.60	3.78	5.33	0.89	0.94
ZK724-29	水平	18.7	46.4	6.68	29.5	7.8	2.15	8.92	1.64	8.09	1.35	2.9	0.327	1.71	0.186	55.3	136.35	111.23	25.12	4.43	7.39	0.79	0.97

表 7-13 ZK816孔方解石稀土元素及特征参数

样品号	产状	La	Ce	Pr	Nd	Sm	Eu	Gd	Tb	Dy	Ho	Er	Tm	Yb	Lu	Y	ΣREE	LREE	HREE	LREE/HREE	(La/Yb)$_N$	δEu	δCe
											×10^{-6}												
ZK816-②-6	水平	3.95	8.09	1.38	7.73	2.75	0.708	2.93	0.564	2.68	0.47	1.07	0.139	0.696	0.086	18	33.24	24.61	8.64	2.85	3.84	0.76	0.81
ZK816-②-9	垂直	15.5	61.2	11.1	56.4	18.2	4.57	18.4	3.66	18.7	3.4	7.71	1.08	5.76	0.65	107	226.33	166.97	59.36	2.81	1.82	0.76	1.09
ZK816-②-14	倾斜	34.1	82.5	12.5	55.3	16.2	4.11	14.8	2.86	14.2	2.49	5.9	0.748	4.11	0.48	84.6	250.30	204.71	45.59	4.49	5.61	0.81	0.94
ZK816-②-15	垂直	10.6	51.4	11.5	66.8	22.1	5.94	21.4	4.16	18.7	3.02	6.51	0.849	4.53	0.539	105	228.05	168.34	59.71	2.82	1.58	0.83	1.09
ZK816-②-16	倾斜	31.9	69.6	9.52	40.3	9.53	2.67	9.54	1.63	7.45	1.29	2.94	0.349	1.9	0.231	47.8	188.85	163.52	25.33	6.46	11.35	0.86	0.94
ZK816-③-4		22.6	45.7	6.43	30.2	8.98	2.3	10.4	1.74	7.72	1.27	2.6	0.27	1.3	0.141	54.4	141.65	116.21	25.44	4.57	11.75	0.73	0.89
ZK816-⑥-2	倾斜	56	90.6	11.8	46.5	14.6	5.06	17.7	3.34	15.8	2.61	5.39	0.611	2.87	0.321	96.8	273.20	224.56	48.64	4.62	13.19	0.96	0.83
ZK816-⑦-1	垂直	24	42	5.27	22.8	6.63	2.8	8.14	1.78	9.98	1.88	4.36	0.585	2.79	0.324	65.5	133.34	103.50	29.84	3.47	5.81	1.16	0.88
ZK816-⑦-2	垂直	44.8	68.9	9.06	37.9	9.98	4.01	12.7	2.74	15.3	2.86	6.39	0.764	3.7	0.392	102	219.50	174.65	44.85	3.89	8.18	1.09	0.80
ZK816-⑧-1	垂直	122	215	25.4	97.4	21.2	7.57	23.4	5.38	30.9	5.21	12	1.63	8.75	0.931	155	576.77	488.57	88.20	5.54	9.42	1.04	0.90
ZK816-⑨-1	水平	57.2	110	14.4	60.2	13.3	3.3	13.7	1.97	8.42	1.34	2.71	0.298	1.41	0.146	56.4	288.39	258.40	29.99	8.62	27.41	0.75	0.90
ZK816-⑩-1	垂直	68.3	126	15.4	60.8	14.8	4.12	14.8	2.83	14.9	2.75	6.67	0.925	5.04	0.608	87	337.74	289.22	48.52	5.96	9.16	0.86	0.91
ZK816-26-1	垂直	48.5	88.7	10.9	42.6	9.93	3.08	11.9	2.41	13.6	2.81	7.56	1.26	8.71	1.51	81.3	253.47	203.71	49.76	4.09	3.76	0.87	0.90

表 7-14 ZK9901孔方解石稀土元素及参数

样品号	样品名	La	Ce	Pr	Nd	Sm	Eu	Gd	Tb	Dy	Ho	Er	Tm	Yb	Lu	Y	ΣREE	LREE	HREE	LREE/HREE	(La/Yb)$_N$	δEu	δCe
											×10^{-6}												
ZK9901-3	倾斜	2.42	5.22	0.716	3.54	1	0.306	1.22	0.284	1.61	0.314	0.844	0.13	0.62	0.073	11.8	18.30	13.20	5.10	2.59	2.64	0.85	0.93
ZK9901-17	垂直	3.2	9.9	1.75	9.45	3.51	0.985	3.9	0.913	5.02	0.945	2.27	0.326	1.62	0.202	29.4	43.99	28.80	15.20	1.89	1.33	0.81	0.98
ZK9901-20	垂直	2.84	7.06	1.12	5.57	1.87	0.579	2.03	0.498	2.65	0.488	1.11	0.158	0.74	0.095	17.3	26.81	19.04	7.77	2.45	2.59	0.91	0.93
ZK9901-26	水平	4.85	11.7	1.75	8.16	2.65	0.801	2.94	0.632	3.25	0.577	1.29	0.175	0.866	0.108	20.9	39.75	29.91	9.84	3.04	3.78	0.88	0.94
ZK9901-28	垂直	14.2	27.8	3.89	17.9	4.83	1.47	5.45	1.15	5.75	1.06	2.47	0.334	1.63	0.196	37.7	88.13	70.09	18.04	3.89	5.89	0.88	0.88
ZK9901-41	垂直	13.9	37.3	5.99	30.2	9.41	2.74	9.32	1.88	9.27	1.58	3.65	0.527	2.74	0.318	51.2	128.83	99.54	29.29	3.40	3.43	0.89	0.96
ZK9901-43	水平	55.8	93.6	12	47.8	11.1	2.93	12.1	2.46	12.8	2.28	5.47	0.711	3.7	0.443	75.5	263.19	223.23	39.96	5.59	10.19	0.77	0.85
ZK9901-52	垂直	6.25	16.1	2.34	9.97	2.74	0.849	2.92	0.709	3.53	0.626	1.41	0.178	1	0.138	18.2	48.76	38.25	10.51	3.64	4.22	0.92	0.99
ZK9901-53	垂直	52.2	91.5	12.2	60.8	15.4	5.25	16.4	2.66	11.9	1.83	3.58	0.357	1.65	0.201	64.8	275.93	237.35	38.58	6.15	21.38	1.01	0.85

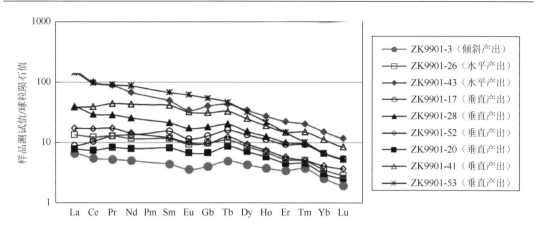

图 7-48　ZK9901 稀土元素球粒陨石标准化分布形式图

从图 7-45 可以看出，ZK216 孔方解石中稀土元素总体上较高，轻稀土富集，Eu 呈负异常，水平产出的方解石稀土元素总量最大，但 ZK216-4 和 ZK216-23 样品方解石中稀土含量较高，轻稀土次之，重稀土最低。

从图 7-46 可以看出，除 ZK724-2 外，ZK724 孔其他方解石样品稀土元素特征一致，均显示轻重稀土分异不明显，LREE/HREE 为 2.87～4.49，Eu 异常不明显。垂直产状的方解石样品稀土总量总体较高。ZK724-2 方解石样品稀土元素配分模式较乱，与其他样品有很大的差异，显示了其成因的差异性。

由图 7-47 可以看出，总体而言，ZK816 孔垂直产出的方解石稀土元素总量要高一些。ZK816-2-9、ZK816-2-15 样品中稀土含量较高，轻稀土含量较低，ZK816-2-6 样品轻重稀土含量分异不明显，其他样品均为轻稀土富集，铕微弱负异常。

从图 7-48 可以看出，ZK9901 孔方解石稀土元素配分模式基本一致，其中倾斜产出和水平产出的方解石稀土元素配分模式更为接近。

3. 方解石同位素地球化学

在成矿流体的研究中，碳氧同位素示踪发挥着越来越重要的作用。本书选取了来自 4 个钻孔中的方解石样品进行碳氧同位素分析，以此来探索成矿流体的来源。样品在成都理工大学地球化学实验室完成，用 MAT253 质谱仪测试。

研究中发现方解石脉体的产状大体分为三类，产状水平、垂直和倾斜，可能代表不同期次的流体，因此对所采集的样品进行分类，分析测试碳氧同位素（表 7-15），统计结果如表 7-16、表 7-17 所示。

表 7-15　方解石碳氧同位素分析结果

序号	样品编号	岩性	产状	取样位置/m	$\delta^{13}C_{(PDB)}$/‰	$\delta^{18}O_{(PDB)}$/‰	$\delta^{18}O_{(SMOW)}$/‰
1	ZK216-11	方解石	垂直	215.51	−2.89	−17.68	12.63
2	ZK216-12	方解石	垂直	223	−3.29	−19.2	11.06

序号	样品编号	岩性	产状	取样位置/m	$\delta^{13}C_{(PDB)}$/‰	$\delta^{18}O_{(PDB)}$/‰	$\delta^{18}O_{(SMOW)}$/‰
3	ZK216-16	方解石	垂直	247.7	−3.64	−20.6	9.62
4	ZK216-20	方解石	倾斜	279.35	−3.53	−18.37	11.92
5	ZK216-23	方解石	垂直	323.72	−3.76	−17.7	12.62
6	ZK216-24	方解石	倾斜	347.4	−3.56	−18.41	11.88
7	ZK216-27	方解石	垂直	390	−3.83	−17.87	12.44
8	ZK216-28	方解石	垂直	408.45	−3.76	−17.44	12.88
9	ZK216-34	方解石	垂直	442	−5.36	−16.03	14.34
10	ZK216-38	方解石	垂直	490.4	−4.24	−15.1	15.3
11	ZK216-4	方解石	垂直	78.8	−2.93	−15.37	15.01
12	ZK724-11	方解石	水平	143.2	−2.65	−20.14	10.1
13	ZK724-13	方解石	垂直	151.1	−4.74	−15.21	15.18
14	ZK724-16	方解石	水平	189.21	−3.5	−17.8	12.51
15	ZK724-18	方解石	水平	222.54	−3.05	−17.19	13.14
16	ZK724-19	方解石	垂直	247.4	−3.01	−18	12.3
17	ZK724-2	方解石	垂直	36	−3.21	−19.11	11.16
18	ZK724-28	方解石	垂直	391.5	−3.5	−19.95	10.29
19	ZK724-29	方解石	水平	392.4	−3.21	−18.34	11.96
20	ZK816-②-13	方解石	垂直	148	−3.38	−18.49	11.8
21	ZK816-②-14	方解石	垂直	148.6	−3.56	−20.05	10.19
22	ZK816-②-15	方解石	垂直	153.16	−3.76	−16.83	13.52
23	ZK816-②-16	方解石	水平	158.61	−3.14	−18.88	11.4
24	ZK816-23-1	方解石	-	427.6	−4.22	−18.03	12.27
25	ZK816-②-6	方解石	垂直	110.25	−3.15	−14.82	15.58
26	ZK816-26-1	方解石	垂直	445	−3.04	−18.84	11.44
27	ZK816-②-9	方解石	垂直	123.7	−3.19	−19.8	10.45
28	ZK816-③-4	方解石	垂直	174.74	−2.91	−17.86	12.45
29	ZK816-⑥-2	方解石	水平	206.1	−4.23	−15.89	14.48
30	ZK816-⑦-1	方解石	垂直	211	−3.29	−17.95	12.36
31	ZK816-⑦-2	方解石	垂直	225.5	−3.45	−18.01	12.3
32	ZK816-⑧-1	方解石	垂直	250.4	−4.32	−20.77	9.45
33	ZK816-⑨-1	方解石	水平	266.7	−4.1	−19.31	10.95
34	ZK816-⑩-1	方解石	垂直	283.1	−3.46	−19.9	10.35
35	ZK9901-17	方解石	倾斜	152.7	−2.82	−17.23	13.1
36	ZK9901-20	方解石	倾斜	169.5	−1.88	−20.12	10.12
37	ZK9901-26	方解石	水平	198.8	−3.33	−21.01	9.21

续表

序号	样品编号	岩性	产状	取样位置/m	$\delta^{13}C_{(PDB)}$/‰	$\delta^{18}O_{(PDB)}$/‰	$\delta^{18}O_{(SMOW)}$/‰
38	ZK9901-28	方解石	垂直	218	−3.32	−16.64	13.7
39	ZK9901-3	方解石	倾斜	57.22	−1.99	−18.44	11.85
40	ZK9901-41	方解石	垂直	283.5	−3.32	−18.95	11.33
41	ZK9901-43	方解石	水平	297.8	−3.58	−17.84	12.47
42	ZK9901-52	方解石	垂直	338.2	−4.08	−13.83	16.6
43	ZK9901-53	方解石	垂直	350.4	−3.93	−17.69	12.62

表 7-16 不同产状方解石碳氧同位素值统计结果

方解石产状		$\delta^{13}C_{(PDB)}$/‰	$\delta^{18}O_{(PDB)}$/‰	$\delta^{18}O_{(SMOW)}$/‰
	最大值	−2.89	−13.83	16.60
垂直	最小值	−5.36	−20.77	9.45
	平均值	−3.58	−17.85	12.46
	最大值	−1.88	−17.23	13.10
倾斜	最小值	−3.56	−20.12	10.12
	平均值	−2.76	−18.51	11.77
	最大值	−2.65	−15.89	14.48
水平	最小值	−4.23	−21.01	9.21
	平均值	−3.50	−18.44	11.85

表 7-17 不同钻孔方解石碳氧同位素统计表

钻孔		$\delta^{13}C_{(PDB)}$/‰	$\delta^{18}O_{(PDB)}$/‰	$\delta^{18}O_{(SMOW)}$/‰
	最大值	−1.88	−13.83	16.60
ZK9901	最小值	−4.08	−21.01	9.21
	平均值	−3.14	−17.97	12.33
	最大值	−2.91	−14.82	15.58
ZK816	最小值	−4.32	−20.77	9.45
	平均值	−3.55	−18.36	11.93
	最大值	−2.65	−15.21	15.18
ZK724	最小值	−4.74	−20.14	10.10
	平均值	−3.36	−18.22	12.08
	最大值	−2.89	−15.10	15.30
ZK216	最小值	−5.36	−20.60	9.62
	平均值	−3.71	−17.62	12.70

根据表 7-15 统计得出，所有样品 $\delta^{13}C_{PDB}$ 为−5.36‰～−1.88‰，变化范围较小，平均值为−3.47‰，这与许多热液矿床中形成的碳酸盐岩类似（Rye and Ohmoto，1974），表明碳可能来自深部或来自碳酸盐与有机质的 CO_2 的混合作用，因为方解石的 $\delta^{13}C$ 变化范围

窄，且大于有机质的碳同位素组成，故可排除有机质碳为方解石提供碳的可能性，即有机质不是方解石中碳的主要提供者。$\delta^{18}O_{PDB}$‰为−21.01‰～−13.83‰，平均值为−18.06‰。根据 Friedman 和 Chakraborty（1997）的公式：$\delta^{18}O_{SMOW}‰ = 1.3086 \times \delta^{18}O_{PDB}‰ + 30.86$，计算出 $\delta^{18}O_{SMOW}$ 为 9.21‰～16.60‰，变化范围较大，平均值为 12.24‰。

将 4 个钻孔方解石碳氧同位素投点，如图 7-49 所示。

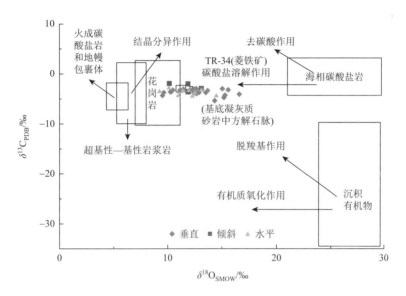

图 7-49　所有方解石碳氧同位素特征图

从图 7-49 可以看出，总体上来看，屯林 375 矿床方解石碳氧同位素表明，碳同位素变化不大，$\delta^{13}C_{PDB}$ 为− 5.36‰～−1.88‰，氧同位素变化较大，$\delta^{18}O_{SMOW}$ 为 9.21‰～16.60‰。根据碳氧同位素特征，方解石主要是砂岩中的钙质成分经过后期热液溶解重结晶形成，部分方解石具有岩浆或深部流体来源。

将这些样品的碳氧同位素组成在 $\delta^{18}O$～$\delta^{13}C$ 图解中投点（图 7-49），可以发现在图上总体表现为近于水平分布。碳、氧同位素的这种水平分布形式可能由 2 个原因所致（Zheng and Hoefs，1990；Zheng，1993）：①CO_2 的脱气作用；②流体和围岩之间的水-岩反应。

如果碳、氧同位素的分布形式是由 CO_2 的脱气作用所致，则因热液流体一般以 H_2O 为主，CO_2 的去气对流体氧同位素组成的影响并不明显，而对碳同位素组成的影响是显著的（郑永飞，2001），从而形成的方解石碳同位素组成变化也应显著。显然，这与研究区的实际情况不符，所以影响方解石等碳酸盐矿物沉淀的主要因素不应是 CO_2 的脱气作用所造成的。

在热液流体中，方解石的溶解度随温度的降低而升高，随压力的降低而降低。在封闭体系中的单纯冷却不能使方解石从热液流体中沉淀。故研究区方解石的沉淀应主要是由水-岩反应和温度降低共同作用所致。

由图 7-49 可以看出方解石的氧同位素组成总体位于地幔流体和海相沉积岩两个端元之间，但总体靠近地幔流体的一端，说明方解石脉的来源很可能来自地幔流体，同时也有可能与海相沉积碳酸盐岩的溶解作用有关，表明了成矿流体来源的多样性。

综上所述，研究区的碳源既可能来自深部碳源，也可能来自海相碳酸盐岩。深部碳源主要与热流体有关，该部分碳源应该为后期改造作用提供还原剂，十万大山盆地的基底有一套三叠系的海相沉积地层，来源于深部的流体在淋滤和溶解海相沉积地层的过程中，使流体富含 CO_2，此类流体上升至含矿层砂岩中，有利于铀元素形成络合物运移和重新聚集，从而使含铀砂岩中碳氧同位素比值接近海相碳酸盐岩。这也进一步说明了屯林 375 铀矿的形成经历了层间氧化和后期流体改造成矿作用。

7.3.5　硫同位素地球化学特征

收集前人的硫同位素资料，作图 7-50，从图可以看出：

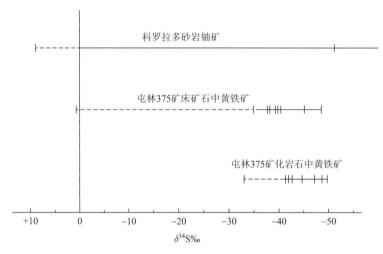

图 7-50　硫同位素特征［据中南 309 队第五分队科研队（1976）修改］

（1）屯林 375 矿床 10 个矿石样品分析结果表明，$\delta^{34}S$ 的变化幅度较大，其变化范围为–50.4‰～＋1.9‰，但在–50.4‰～–36‰较集中，其平均值为–43.2‰，远离标准值，并明显地偏向负值一方。

（2）$\delta^{34}S$ 基本为负值，可达–50.4‰，个别为正值，显示了硫的轻同位素（^{32}S）富集的特点，说明矿床为低温作用下形成的。

（3）硫同位素组成不是集中在某一个小范围内，具跳跃式现象–50.4‰～＋1.9‰，这表明硫同位素是多种因素作用的结果。

（4）8 个矿化岩石中 $\delta^{34}S$ 变化范围为–52.3‰～–34.8‰，皆为负值，与矿石中硫同位素的组成成因是一样的，即属生物成因。

（5）屯林 375 矿床与美国科罗拉多高原砂岩型铀矿硫同位素组成对比，具有极大的相似之处，$\delta^{34}S$ 变化范围相当宽，而主要为富集硫的轻同位素，其值可达–52.3‰。因此，认为二者的硫化物形成条件具有相似性，矿床在成因上具有可比性。

第8章 十万大山盆地铀成矿作用及成矿远景探讨

8.1 铀成矿条件及成矿规律

作为砂岩型铀矿产出盆地，十万大山盆地铀成矿条件与其他产铀盆地既有共性，又有个性。总体而言，以下 7 个因素制约着十万大山盆地的铀矿产出特征，进而有其自身的成矿规律。

8.1.1 成矿物质来源

作为产铀盆地，成矿物质来源可以从两方面进行分析：①形成盆地储层的物质成分，即砂岩、泥岩等物质从何而来；②在砂岩型铀矿形成过程中，包括铀在内的成矿物质是从何而来。

针对十万大山盆地而言，砂岩、泥岩等储层物质从何而来，这是一个相对比较一致的看法，即在晚三叠世到侏罗纪时期，盆地断陷形成陆相盆地，南东印支期酸性侵入岩以及基底地层暴露在地表，经过长期的风化剥蚀、搬运，花岗岩碎屑物以及古生代地层风化物被搬运到盆地之中，形成了砂岩和泥岩。在砂岩、泥岩形成过程中伴随的铀进入水体。花岗岩中未完全分解的不稳定矿物如长石、黑云母等碎屑经过较长时间的风化剥蚀，从蚀源区经过多次反复搬运，至滨湖三角洲前缘相沉积下来，大量的铀从花岗岩中浸取出来，被水介质带入盆地，与泥沙一起沉积，在形成砂岩、泥岩的同时铀也随之固定到砂泥岩中。这一认识不仅可从盆山演化过程分析，还可以从矿物岩石及地球化学角度进行分析确认。

结合前人资料，本书对盆地东南侧的泥盆系、石炭系、二叠系以及中下三叠统地层、印支期花岗岩等进行了地球化学分析，并与含矿岩石进行了对比。经过综合研究有以下 5 点认识。

（1）含矿浅色层砂岩中石英、长石、黑云母等碎屑的特征与花岗岩中的石英长石基本是一样的。砂岩碎屑主要为石英（25%~73%，一般为 40~60%）、长石（5%~30%）、岩屑 [7%~67%，多为泥（页）岩、灰岩、硅质岩]。碳质碎片较多，含黑云母、重矿物（磁铁矿、赤铁矿、钛铁矿、锆石、电气石），它们常沿层理分布成黑色纹理或微层理。砂岩粒度主要为 0.25~0.125mm，分选中等，次棱角一次圆状，主要为钙、泥质胶结，次为铁质呈孔隙式、接触-孔隙式等形式胶结。砂岩中花岗质碎屑物、泥质、碳质、铁质较多，铀含量较高（22.6×10^{-6}），为富铀层；顶底板为不透水且厚度较大的紫红色泥岩；砂岩厚度较大（理想厚度>30m），砂岩内富含碳质、泥质的冲刷构造发育，为铀成矿有利岩性和层位。

（2）台马岩体铀含量为 $5.03 \times 10^{-6} \sim 15.4 \times 10^{-6}$，本次分析的 8 个花岗岩样品，铀含量为 $4.7 \times 10^{-6} \sim 8.28 \times 10^{-6}$，平均为 6.2×10^{-6}。由于十万大山盆地南缘花岗岩分布广泛，故该岩体可以为砂岩形成过程及后期成矿提供矿源。

（3）对基底其他地层微量元素分析结果表明（表 8-1），三叠纪次火山岩中 U 含量可以达到 7.07×10^{-6}，二叠纪次火山岩中 U 含量可以达到 6.6×10^{-6}。由此可以认为，十万大山盆地基底中的酸性火山岩亦可以提供铀源。

表 8-1 不同地层铀含量平均值

地区	岩性	U/($\times 10^{-6}$)	地区	岩性	U/($\times 10^{-6}$)
凤凰山地区	崇左组泥岩	3.89	盆地东南缘	扶隆组砂岩	2.32
	崇左组砂岩	2.57		平垌组砂岩	2.90
	那荡组泥岩	3.63		平垌组泥岩	4.11
	那荡组砂岩	3.89		πT 次火山岩	7.07
	百姓组泥岩	6.84		二叠系板岩	3.19
	百姓组砂岩	1.84		πP 次火山岩	6.60
	百姓组泥岩	4.71		泥盆系砂岩	4.03
	百姓组砂岩	1.85		泥盆系泥岩	5.07
	新隆组泥岩	2.23		花岗岩	5.49
	新隆组砂岩	1.23		花岗岩	7.25
	崇左组泥岩	3.39		花岗岩	8.28
	崇左组砂岩	2.58	盆地东南缘	花岗岩	4.70
新棠地区	那荡组泥岩	2.95		花岗岩	5.69
	那荡组砂岩	2.51		花岗岩	4.66
	汪门组泥岩	3.45		花岗岩	3.39
	汪门组砂岩	1.20		平均值	5.64

（4）含铀浅色砂体呈扁平透镜体夹于紫红色泥岩之间，砂体一般长 500～3000m、厚 18～35m，最大厚度为 62m，其中工业铀矿化呈不连续的透镜状或似层状。矿体与砂体的产状基本一致，且严格受浅色砂体的控制。由此可以看出，铀源与形成砂岩（体）的物质来源较为一致。

（5）地球化学研究表明，研究区砂泥岩及矿石微量元素蛛网图（图 8-1）及稀土元素配分模式（图 8-2）与花岗岩较为接近，表明花岗岩为砂泥岩的形成及矿化提供了物源。

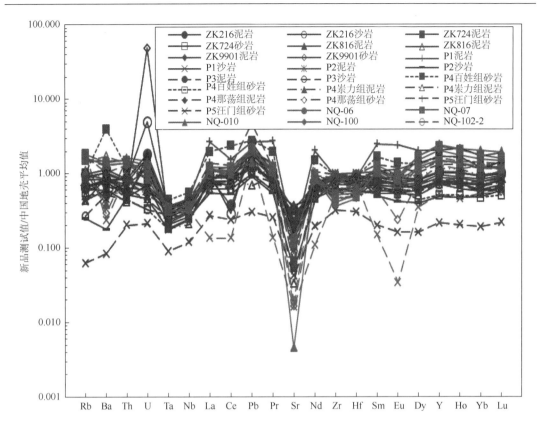

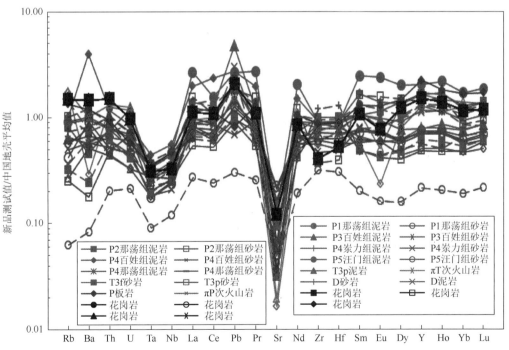

图 8-1　微量元素蛛网图（上图 NQ 为花岗岩）

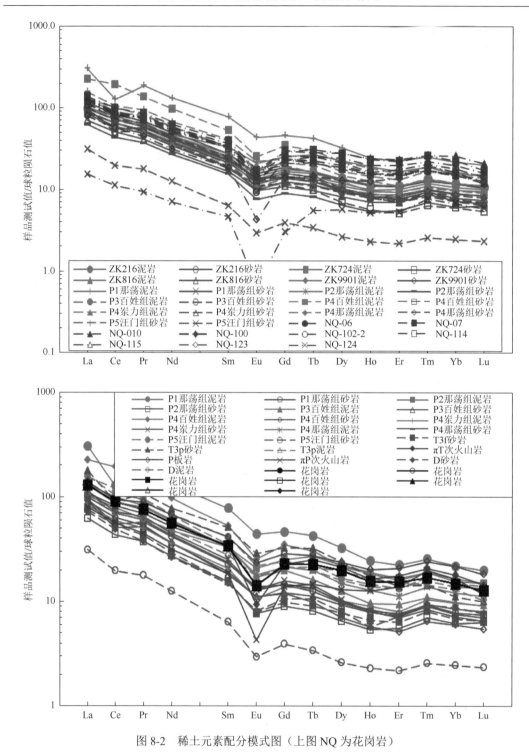

图8-2　稀土元素配分模式图（上图 NQ 为花岗岩）

　　对于砂岩、泥岩形成之后，成矿过程中成矿物质的来源，本书认为，铀主要来源于三部分：一是先期形成的砂岩在沉积成岩阶段富集的铀；二是在新生代以来，受喜马拉雅运动的影响，十万大山盆地受到北西—南东向挤压，形成了向斜构造，之后抬升接受风化剥蚀，在此过程中，其他富铀地质体（含岩体和基底地层）中的铀在含氧水的作用下，顺着向斜构造，沿砂岩层进行渗入，对铀成矿提供铀源；三是在盆地形成后的构造运动中产生断层，深部流体（热液）沿断层上升过程中不断萃取所经过地质体中的铀，进入砂岩中进一步富集。

8.1.2　成矿流体来源

经过大量的分析研究发现，屯林 375 矿床成矿流体温度较低，大约为 110～130℃，属于低温流体。同时结合方解石的碳氧同位素分析，认为该矿床成矿流体主要以大气降水为主，在燕山期—喜马拉雅期构造活动的影响下，一部分深部流体沿盆地边缘深大断裂上升，之后沿次级断裂进入先期形成的矿化部位，叠加成矿。

8.1.3　构造条件

构造要素是评价砂岩型铀矿成矿的必要条件，主要体现在构造背景、构造环境、构造形式和断裂构造控矿 4 个方面。

（1）构造背景：有利于砂岩型铀矿产出的大地构造背景主要为古陆块上叠盆地，以及古陆块与造山带交接部位的山前或山间盆地。十万大山盆地位于华南板块之南华活动带右江褶皱系十万大山断陷带，为一陆相山间盆地，构造背景良好。

（2）构造环境：砂岩型铀矿含矿建造形成期一般为弱伸展的构造环境；后生改造成矿期则多为弱挤压的构造环境。十万大山盆地是在印支晚期开始的挤压推覆，后经过燕山期的伸展断陷、新生代的挤压而形成。其构造环境有利于砂岩型铀矿的形成。

（3）构造形式：缓倾的斜坡带有利于层间氧化带型铀矿成矿；构造变形强烈区的正向构造带（断隆带或隆升区）有利于潜水氧化带型铀矿成矿。在十万大山盆地中部凤凰山一带地层产状较为平缓，且产状稳定，构造破坏少，有利于形成层间氧化带型铀矿；而新棠一带构造变形强烈，有利于形成潜水氧化带型铀矿及后期热液叠加改造型铀矿。

（4）断裂构造：铀矿化与断裂构造控制的局部排泄带关系明显，铀矿床往往定位于局部排泄带的上方，发育在还原容量较低建造内的断裂构造往往成为油气运移通道，增加还原容量，有利于铀成矿。十万大山盆地东南缘新棠一带，断裂构造发育，有利于后期热液上升，也有利于表生环境中的流体交流，对成矿有较好的促进作用。

屯林铀矿在地质构造关系上看，矿体主要产于 S 褶皱上段之轴（核）部及其邻近之上、下翼部，远离轴部则矿体变小以致尖灭。因与断裂构造直接关系不明显，但矿床附近区域的南局断裂，该断裂发生在 J_2n^{3-3} 含矿砂岩附近，且具多次活动并伴之多次热水溶液活动的特点。故此断裂除提供成矿的必要热源，又是热水溶液活动的良好通道，同时又进一步扩大含矿砂岩与热水作用的范围，使含铀溶液在适当部位富集成矿。

8.1.4　地层岩性条件

砂岩型铀矿的形成具有明显的层控性，含矿建造要素主要体现在四个方面。

（1）铀矿化对容矿岩系具有一定的选择性：一般来看，层间氧化带型和潜水氧化带型铀矿容矿建造为暗色砂岩建造；沉积成岩型容矿建造为暗色粉砂岩、泥岩建造。十万大山盆地的容矿建造为暗色砂岩建造，有利于形成层间氧化带型铀矿。

（2）铀矿化类型对岩性结构有着特定的要求：盆地内一般发育三种形式的岩性结构，其自上而下为泥岩-砂岩-泥岩或泥岩（粉砂岩）-砂岩-泥岩（粉砂岩）的岩性组合，这种结构有利于形成层间氧化带型铀矿化，而砂岩-煤层-泥岩组合仅有利于形成潜水氧化带型铀矿化。十万大山盆地侏罗系百姓组、那荡组、崇左组岩性结构均有明显的泥岩（粉砂质泥岩）-砂岩-泥岩（粉砂质泥岩）岩性组合，因而具备形成层间氧化带型铀矿的条件。

（3）含矿层特征对铀成矿具有较强的制约作用：统计分析结果表明，层间氧化带型铀矿化主要与含砂率高（＞0.45）、砂体厚度适中（20～35m）的含矿层密切相关。

经过统计，百姓组和那荡组的泥岩和砂岩厚度及砂泥比如下。

①百姓组下段，凤凰山剖面砂岩总厚为 149.9m，最厚砂岩厚 131.97m，泥岩总厚为 289.5m，最厚泥岩厚 61.52m，砂泥比为 0.5；新棠剖面泥岩总厚 374.65m，最厚泥岩厚 185.17m，砂岩总厚为 74m，最厚砂岩厚 36m，砂泥比约为 0.2。

②百姓组上段，凤凰山剖面泥岩总厚 117.73m，最厚泥岩厚 35.7m，砂岩总厚 259.36m，最厚砂岩厚 78.45m，砂泥比为 2.2；新棠剖面百姓组上段出露砂岩总厚度约 104.3m，最厚砂岩厚 33.1m，泥岩总厚度为 168.2m，最厚泥岩厚 85.3m，砂泥比为 0.62，泥岩与砂岩基本呈互层出现。

③那荡组下段，凤凰山剖面泥岩总厚度 199.6m，最厚泥岩厚 70.2m，砂岩总厚度为 23.2m，最厚砂岩厚 9m，砂泥比为 0.12；新棠剖面岩性为砂泥岩互层，砂岩总厚度为 43.3m，最厚砂岩厚 32.9m，泥岩总厚度为 66m，最厚泥岩厚 36.1m，砂泥比为 0.66。

④那荡组中段，凤凰山剖面泥岩总厚 324.5m，最厚泥岩厚 86m，砂岩总厚 42.6m，最厚砂岩厚 25m，砂泥比为 0.13；新棠剖面以砂岩为主，总厚 174.7m，最厚砂岩厚 101m，泥岩总厚度 128.6m，最厚泥岩厚 51m，砂泥比为 1.36。

⑤那荡组上段，凤凰山剖面泥岩总厚 169.5m，最厚泥岩厚 38.3m，砂岩总厚 64.4m，最厚砂岩厚 27.57m，砂泥比为 0.38。新棠剖面泥岩厚 79.5m，最厚泥岩厚 35.5m，砂岩总厚 125.9m，最厚砂岩厚 60.2m，砂泥比为 1.58。

可见十万大山盆地的砂泥比适中，符合形成层间氧化带型铀矿的条件。

（4）不同矿化类型的含矿层埋深不同：层间氧化带型铀矿化含矿层埋深 100～500m 最有利，500～1000m 次之；沉积成岩型铀矿化含矿层埋深一般为几十米，接近地表；潜水氧化带型铀矿化含矿层埋深一般为几十米至 200m。十万大山盆地铀矿化埋深 0～300m，有利于形成层间氧化带型铀矿。

8.1.5　岩相古地理条件

不同矿化类型对含矿层沉积相具有一定的专属性。对于层间氧化带型，要形成一定规模的砂岩型铀矿床，必须有规模大、空间展布稳定、产状平缓、含有机质且顶底板隔水层稳定的渗透性好的砂体。这类砂体主要发育于三角洲相、辫状河相、曲流河相以及湿地扇扇端亚相等，其他沉积环境下形成的砂体对砂岩型铀矿化的形成不太有利。

十万大山盆地含矿砂体规模大、空间稳定，顶底板隔水性好，砂体中含有有机组分。砂岩中花岗碎屑物以及泥质、碳质、铁质等含量较多，对铀的沉积有利，故该砂岩含铀丰度比其他层位高，为区内的富铀层；砂岩的顶、底板均为不透水且厚度较大的紫红色泥岩，因而具有既能保护砂岩内铀元素不易往外迁移，又为后来含铀的热水溶液活动提供对铀元素进一步富集的有利空间；砂岩具有一定的厚度，赋矿砂岩厚度在 30m 以上；砂岩内冲刷构造发育，冲刷构造中富含碳质、泥质物，它既是溶液的良好通道，又是储矿的良好场所。

含矿层或异常部位均在河道微相和边滩微相沉积物中的灰色砂岩中，天然堤微相及洪泛平原微相中几乎没有发现矿化现象。前人研究认为，工业矿体赋存的 J_2n^{3-3} 下部浅色砂岩为滨湖三角洲-湖相过渡沉积的产物，从岩性特征、层理产出等因素判断，矿体主要产于滨湖三角洲前缘相的支流口砂坝亚相（河道微相）与远砂坝亚相（边滩微相）中，是形成层间氧化带型铀矿的又一有利条件。

8.1.6　古气候条件

一定的铀源条件固然是成矿的必要前提，但气候条件的变化也是重要的因素。由于含矿主岩风化程度低，在成岩、后生阶段孔隙水及地下水对浅色砂岩中长石、黑云母等不稳定矿物再浸取及淋滤也会提供大量的成矿物质。本区中、晚侏罗纪为一炎热干旱和温湿多雨交替出现的古气候条件，这样的古气候条件对铀矿床的形成是很有利的，尽管铀源不大丰富，但在一定的有利气候及古地理条件下，经后期的改造，同样可以形成有工业价值的铀矿床。

中、新生代盆地盖层形成期的古气候演化总体为一个由温湿向干旱转化的单旋回或多旋回过程，是找矿目的层形成必不可少的重要条件。古气候单旋回演化的盆地一般只具有一个找矿目的层，古气候多旋回演化的盆地或有下伏层位渗出型油气还原流体后生改造作用参与的盆地可以有多个找矿目的层。

十万大山盆地有多个反映气候变化的地层旋回，特别是在中侏罗统那荡组上段中有三个明显的旋回，每个旋回底部为灰色砂岩，上部为紫红色泥岩、粉砂质泥岩。因此，形成了最为重要的三个含矿层位。除那荡组外，上侏罗统岽力组也有类似的灰色砂岩加紫红色泥岩的组合，岽力组底部也是一个重要的含矿层位。因此，十万大山盆地有多个由温湿向干旱转化的旋回过程，这对于砂岩型铀矿形成十分有利，且必不可少。

8.1.7　水文地质条件

砂岩型铀矿是表生后生水成铀矿，它的形成过程是以后生改造期表生水为介质，因此它总是产在自流水盆地内，受后生改造期表生地下水水动力条件和水文地球化学条件的控制。

一个埋藏浅、产状缓、稳定性强、补-排高差适中、通水量大的地下水水动力系统是成矿必不可少的条件，其规模直接影响矿化的规模，补-排高差影响成矿的发育程度、稳定性，通水量影响矿化的富集程度。

十万大山盆地在形成演化过程中水文条件也在发生着变化（王英民等，1998）。海西期泥盆纪—早二叠世为沉积埋藏阶段，区域离心流发育，由盆地中心指向两侧；早二叠世末的东吴运动引起抬升剥蚀，大气水下渗，发育了区域向心流。但该阶段持续时间短，向心流规模不大。

印支期晚二叠世—中三叠世为沉积埋藏阶段，发育区域离心流。中三叠世末的印支运动使全区抬升褶皱、剥蚀。在抬升剥蚀阶段，离心流消退，在盆地南、北缘及盆地中部隆起区形成大气降水，下渗向心流区，沉积埋藏水被大气水交替而淡化。

燕山期是十万大山盆地持续时间最长、作用最显著的阶段。从晚三叠世至白垩纪发育了典型的前陆盆地，盆地快速沉降，到晚侏罗世达到最高峰，压实作用排水量很大，离心流很强。白垩纪末盆地抬升剥蚀，离心流消退，转为大气降水下渗向心流。燕山运动使得盆地北部经受了继承性的大气降水下渗交替、淡化作用，使得侏罗系地层水具有矿化度低、离子浓度和盐化系数小、变质系数和脱硫系数大、pH 大于 7 的封存大气水性质。

喜马拉雅期，由于断裂重新活动，发生拉张断陷而形成宁明至上思的古近-新近纪断陷盆地。沉积埋藏阶段的离心流仅发育在古近-新近系地层中。古近纪末，喜马拉雅运动使南屏—沙坪断裂活动加剧，断裂西段南侧急剧抬升，形成当今的十万大山主峰，断裂东段台马岩体由南向北，沿断裂逆冲覆盖于侏罗系以及更老的地层之上。受喜马拉雅运动影响，十万大山盆地继续抬升剥蚀，同时，由于构造活动影响，部分深部流体沿断裂向上运移，溶解铀等元素，在合适位置叠加成矿，形成了现今的格局。最终形成了整个十万大山盆地以大气降水下渗作用为主要特征的地下水动力特征。

十万大山盆地在形成过程中具有良好的水文地质条件，特别是形成向斜山之后，盆地周边的富铀地质体中的铀等成矿物质可以继续沿地层向盆地内部补给，有利于发育形成层间氧化带型铀矿。但随着盆地受构造运动的影响，河流下蚀，盆地东南缘的富铀花岗岩脱离了对侏罗系地层的补给，对后期继续形成和扩大铀矿化有不利的影响。这一点与伊犁盆地不同，伊犁盆地富铀地层处于盆周富铀地质体可以继续补给的部位，因此，截至目前，伊犁盆地仍然在成矿。

8.2　铀成矿作用及成矿模式

8.2.1　风化作用阶段

印支晚期，十万大山成为前陆盆地（丘元禧和梁新权，2006），盆地周缘富铀地层及南侧的印支期台马花岗岩，在强烈的风化作用过程中，为侏罗系地层沉积提供了丰富的物源。同时，由于氧化作用强烈，化学性质很活泼的铀从 U^{4+} 氧化形成 UO_2^{2+}，在弱酸性大气降水及地表水的淋滤下，岩石中的活性铀迁移出来，在水介质中以很高的溶解度和迁移能力形成铀酰碳酸盐络合物，或被黏土质、腐殖质胶体吸附与碎屑物质一起被迁移搬至湖盆中，在河流相中，使得从蚀源区搬来的碎屑物、黏土物质及有机质得以沉积并保存。在干旱气候条件下，湖河水中的铀浓度不断增加，水介质的物理化学性质仍然是偏酸性的，铀以碳酸盐铀酰络合物形式及胶体吸附状态保存在其中。

8.2.2　沉积-成岩作用阶段

由于上覆沉积物不断增加，原来的沉积物逐渐脱离水体，使沉积水逐渐变成孔隙水。这时由于孔隙水的物理化学性质未改变，这样含铀孔隙水与碎屑物质受沉积分异控制，形成一些对成矿相对有利的相带。

随着沉积物的不断增加，侏罗系地层逐渐被埋深，开始进入成岩作用阶段。在成岩阶段初期，亦即是沉积物与水介质尚未完全隔绝的情况下，由于埋藏于沉积物中的有机质分解产生 H_2S、CH_4、NH_3、CO_2、H_2 及腐殖酸等溶解于软泥水中，改变了其物理化学性质，使其氧化还原电位低于底层水，软泥水中 UO_2^{2+} 被还原成 U^{4+} 而聚集于软泥水中，致使软泥水中的铀浓度低于底层水，为了维持平衡，铀从底层水向软泥水扩散，这样铀就可以在底积物中初步富集起来。

随着成岩作用继续进行，进入到早期成矿成岩阶段，在沉积物不断增加的情况下，沉积物与水介质隔绝，有机物质腐烂分解产生 H_2S、CH_4、NH_3、CO_2、H_2 等还原气体，使孔隙水的物理化学性质改变，在有机物分布的范围，形成一个碱性还原环境，使铀沉淀下来。大量的铀被有机物质及黏土质、球粒状黄铁矿等胶结物质所吸附固定下来，形成浸染状矿体，这个阶段沉淀的沥青铀矿不多，仅见一些充填有机质胞腔和沿由微细碳质物泥质所构成的微层理分布的粒状沥青铀矿。更多的沥青铀矿是在压实和胶结作用过程中及以后的古地下水改造过程中沉淀的。在这个阶段由于岩层的不断埋深，地压力增加，粒间水温度升高，挥发分 CO_2 等作用增强，在富含 CO_2 高温粒间水的作用下，使部分低价铁氧化成赤铁矿，使长石及泥岩岩屑因赤铁矿染色而变红。在胶结过程中成矿物质（包括伴生元素），在层间水及扩散等方式的作用下，使成矿物质发生迁移，重新分配和结合。早期成岩阶段的金属硫化物部分脱水去硬变成偏胶状。碳酸钙沉淀，较多的沥青铀矿和铀石形成，胶结早期形成的球粒状胶状黄铁矿和碎屑颗粒，并沿碎屑颗粒表面呈薄膜状分布，这种物质的迁移过程一直延续到后生阶段。

更重要的是，此时，下三叠统烃源岩在白垩系地层沉积后开始进入生油高峰（郭彤楼，2004），大量油气从下伏地层向上运移，使孔隙水的物理化学性质改变，在有机物分布的范围，形成一个碱性还原环境，使铀沉淀下来，并被油气中大量有机碳吸附，随油气在合适的构造圈闭中富集起来。野外观察中发现的紫红色斑状砂岩中的绿色或灰色斑点即是有力证据（图 8-3）。该阶段形成的铀矿年龄约为 113Ma。

图 8-3　斑点状砂岩（凤凰山南侧）

8.2.3　后生作用阶段

进入新生代以来，受喜马拉雅运动的影响，研究区绝大多数地区开始隆升，地层进一步弯曲褶皱（喜马拉雅期第一幕），进入快速剥蚀阶段（郭彤楼，2004）。由于那洞—台马岩体北缘断裂的持续作用，盆地西南上升为陡峻的单面山构成十万大山山脊，盆地西北部则成为相对拗陷区，侏罗系普遍超覆于上三叠统及古生代之上，沉积中心由南往北迁移，形成内迭式拗陷盆地。由于燕山运动以来，地壳缓慢上升，部分地区（如屯林地区）的含矿浅色层就部分露出湖面，盆地边缘的含矿浅色层被风化，并接收古大气降水和盆地南部花岗岩风化壳中含有一定量铀的裂隙-孔隙水补给。这种弱酸性氧化水，对早期形成的岩石中的铀不断淋滤，使水中铀含量不断增加。在含矿浅色层顶底板有泥岩作为隔水层的条件下，这种含铀量偏高和不同成分的水溶液在砂体内不断向深部渗透，在沿砂体运移的过程中，含铀富氧流体不断氧化砂体中的 U^{4+}，形成 UO_2^{2+}，使得流体中的铀浓度增高，砂体被氧化，形成氧化带。当流体中的氧被消耗殆尽时，砂体进入到氧化还原过渡带，砂体中的还原性矿物或物质，如黄铁矿、有机碳、还原性气体等开始把流体中的 UO_2^{2+} 还原为 U^{4+}，在碱性还原环境及有利的氧化还原过渡带形成沥青铀矿、铀石等四价铀矿物，呈胶结状、凝块状、条带状及微细脉状产出，沉积叠加在成岩矿化之上，形成现在的矿体。这个时期有大量的碳酸钙沉淀，方解石重结晶和交代碎屑的现象明显。呈微细脉状的方解石与沥青铀矿和铀石伴生，并对有机质有交代溶蚀现象。

在碱性条件下，UO_2^{2+} 被黄铁矿、沥青及其他有机质还原成 U^{4+} 而沉淀，而 Fe^{2+} 则是被氧化成 Fe^{3+}，造成大量的赤铁矿及褐铁矿的产生，致使长石及泥质岩屑及赤铁矿围绕碎屑呈一圈分布。

这一时期形成的铀矿年龄约为 61Ma。

8.2.4　后期叠加改造阶段

在喜马拉雅期构造活动第二幕的影响下，地层强烈弯曲褶皱，形成大量次生节理和断层，部分断层沟通了下部地层中的深大断裂，深部流体沿深大断裂上升，进入侏罗系地层。在流体上升过程中不断萃取所经过围岩中的铀等成矿物质，沿次级断裂进入到先期形成的矿化部位叠加成矿，使得原先形成的矿体更加富集，规模也进一步加大，也可能在新的合适的部位形成新的矿体。当然，随着剥蚀作用的加强，氧化还原过渡带的位置可能发生变化，早期在氧化还原过渡带中的部分矿体可能被氧化破坏。这一阶段形成的矿体年龄大约为 51Ma。

深大断裂的热液流经了大量的古老海相碳酸盐岩地层，其在携带铀元素的同时，也携带了大量的碳酸根离子，当热液上升至侏罗系相对疏松的砂岩中时，由于温度和压力的降低，流体对碳酸钙的溶解度迅速降低，在地层中形成大量的方解石脉和方解石胶结物，地层致密化，封堵了热液上升的通道，这一阶段的成矿作用结束。

当喜马拉雅期构造活动第三幕开始时，地层继续弯曲褶皱，新的节理和次生断裂形成，形成新的热液通道，当然也可能使早期的断裂重新开启，开始新一轮的热液叠加改造作用，这一阶段形成的矿体年龄大约为 38Ma。

可见，从十万大山盆地中铀矿化形成的多龄性看，工业铀矿化是在漫长的地质历史时期，经历了沉积、成岩、后生改造和热液叠加作用，在多种地质作用的长期影响下形成的铀的富集是在一个复杂过程中经历多次矿化的结果。

综上所述，屯林375矿床为成岩作用预富集、后生作用成矿、晚期热液叠加改造复成因砂岩型铀矿床。

根据上述成矿作用及成矿过程，本书建立了十万大山盆地铀矿成模式（图8-4）。

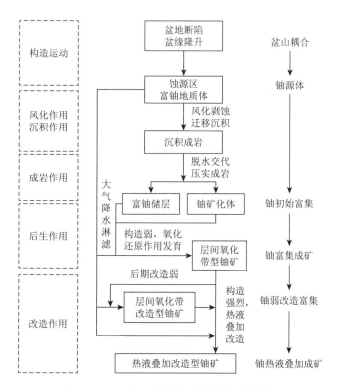

图 8-4 十万大山盆地东南缘铀成矿模式图

8.3　十万大山盆地铀成矿潜力分析

8.3.1　十万大山盆地与北方产铀盆地对比

十万大山盆地处于中国南方，与北方产铀盆地比较，有很多相似之处，也有各自的特点。本书研究过程中，选择北方典型产铀盆地，从西到东分别是伊犁盆地、鄂尔多斯盆地、二连盆地、松辽盆地，与十万大山盆地从盆地特征、典型矿床等方面进行对比，通过对比研究，以期分析十万大山盆地成矿有利条件与不利条件，为十万大山盆地铀成矿潜力分析提供参考。

通过以我国北方典型产铀盆地——伊犁盆地、鄂尔多斯盆地、二连盆地、松辽盆地与广西十万大山盆地为研究对象，对其大地构造位置、地层、构造、岩浆岩和典型矿床的主要铀源、岩相古地理、层间氧化带特征、赋矿地层特征、矿体特征、煤油气地质特征及成矿时代进行对比分析，得出以下认识（表 8-2）。

（1）五个产铀盆地地质特征与成矿条件的相同点：

①盆地均位于稳定的地台与褶皱带交汇区。

②沉积盖层都形成于中新生代，含矿岩系都为沉积砂岩地层。

③盆地的形成都与裂陷有关。

④盆地的蚀源区都含有中酸性火成岩。

⑤都具有多铀源富集的特点，这些铀源分别是地层沉积时形成的富铀砂体和蚀源区富铀的岩石；

⑥赋矿层位都形成于砂体地层中。

⑦铀存在形式都有吸附形式，铀矿物都有沥青铀矿和铀石。

⑧成矿时代和赋矿层成岩时代都有一定的矿岩时差。

（2）五个产铀盆地的地质特征与成矿条件的不同点如下：

①北方四个盆地由西向东依次位于我国的西部（伊犁盆地，西天山海西褶皱带）、中部（鄂尔多斯盆地，华北板块西部）、中东部（二连盆地，西伯利亚与中朝-塔里木板块的缝合线部位）和东部（松辽盆地，环太平洋构造域北段，古生代兴蒙地槽褶皱带东端）；十万大山盆地则位于华南板块南华活动带右江褶皱系十万大山断陷带。

②北方四个产铀盆地基底由西向东依次为西部火山岩、中部变质岩系、中东部碳酸盐岩及中酸性岩体，东部变质岩和花岗岩，十万大山盆地则为花岗岩、碳酸盐岩、砂页岩、酸性火山岩。

表 8-2　我国北方典型产铀盆地与十万大山盆地地质特征对比表

	北方产铀盆地				南方产铀盆地
	伊犁盆地（西部）	鄂尔多斯盆地（中部）	二连盆地（中东部）	松辽盆地（东部）	十万大山盆地
大地构造位置	西天山海西褶皱带	华北板块西部	西伯利亚与中朝-塔里木板块的缝合线部位，即兴-蒙褶皱带	环太平洋构造域北段，古生代兴蒙地槽褶皱带东端	华南板块南华活动带右江褶皱系十万大山断陷带

续表

	北方产铀盆地				南方产铀盆地
	伊犁盆地（西部）	鄂尔多斯盆地（中部）	二连盆地（中东部）	松辽盆地（东部）	十万大山盆地
控盆断裂	北部科古琴山前断裂、南部察布查尔山前断裂	北部黄河断裂，西部桌子山-平凉断裂，南部渭河地北界断裂，东部离石断裂	断裂以东西向、北东向和北西向三组为主，东西向断裂最老，如西拉木伦断裂、楚鲁图断裂	黑鱼泡-头台断裂带,任民镇-肇州断裂带，太平山-肇东断裂带,大庆-杏树岗断裂带	盆地北边为凭祥-大黎断裂带，南为灵山-藤县深断裂带（含灵山-藤县、峒中-小董、南屏-新棠断裂）
地层	基底中上元古界和古生界褶皱岩系，盖层中生界陆相含煤碎屑沉积建造及中—新生界红色碎屑沉积建造，赋矿层中下侏罗统	基底太古界和下元古界变质岩系，盖层为侏罗系，赋矿层侏罗组	基底由古生界和侏罗系组成，盖层由白垩系、古近系、新近系和第四系组成，赋矿层白垩系	基底古生界变质岩和印支—早燕山期、海西期和加里东期花岗岩，盖层中—新生代沉积岩，赋矿层白垩统姚家组	基底为古生界，中下三叠统和印支期花岗岩。盖层主要为中生界地层（大盆）和新生界地层（小盆）红色碎屑岩建造，赋矿层侏罗系
岩浆岩	中酸性、中基性火山岩和海西期花岗岩	中酸性安山岩和凝灰岩	中酸性侵岩（□5，199Ma）火山岩	花岗岩，基性、中性火山岩	印支期花岗岩
铀源	地层沉积时形成的富铀砂体和南部蚀源区富铀的花岗岩和火山岩类	北部蚀源区富铀变质岩系及中酸性火山岩	基底隆起剥蚀区。赛汉高毕地区物源主要来源于塔木钦隐伏花岗岩体；巴彦乌拉地区，其物源应以巴彦宝力格北东部的岩体为主	含铀砂体和东南部蚀源区富铀酸性侵入岩	富矿砂体和盆边的印支期花岗岩、花岗斑岩
岩相古地理	河湖过渡的三角洲沉积环境	河流沉积环境	冲积扇-滨-浅湖相沉积为主	早期河流、沼泽、扇三角洲及滨浅湖，中期河流、三角洲、半深湖—深湖；晚期河流沉积环境	三角洲相、河道微相、边滩微相
矿床类型	层间氧化带型	复成因型	潜水-层间氧化带复成因型	层间氧化带型	热液叠加改造复成因型
赋矿地层特征	下侏罗统水西沟群灰、灰绿、浅黄色中粗粒砂岩	直罗组灰绿色砂岩与灰色砂岩	赛汉组下部为灰色粉砂岩、砂砾岩夹泥岩；中部绿灰色泥岩夹深灰、灰黑色碳质泥岩和可采褐煤层；上部为灰绿、灰色砂岩夹绿、紫红、棕红色泥岩	姚家组上岩性段下部灰色砂岩的中下部和下岩性段灰白色细砂岩的中上部	铀矿化赋存于J_2n^{3-3}下部浅灰绿色中厚层中细粒长石石英砂岩中，主含矿砂岩体中夹紫红色泥岩和灰黑色泥质粉砂岩
矿体特征（矿体形态、铀赋存形式和铀矿物）	卷状、吸附形式、沥青铀矿和少量铀石	板状、吸附状铀和铀矿物形式、铀石和少量沥青铀矿	铀以吸附形式富集于黏土矿物、黄铁矿、有机质中。沥青铀矿、铀石呈显微粒状、纤维状、放射状、浸染状，局部细脉状、网脉状	板状、铀矿物、吸附铀及含铀矿物形式，沥青铀矿和少量铀石	矿体多呈似层状、大扁平透镜状，小矿体呈透镜状。铀矿物主要为沥青铀矿，次为铀石
煤油气地质特征	以煤为主	煤油气共生	煤油气共生	以油气为主	北部有机质少，南部含煤层
成矿时代	含碳泥岩中铀矿化为(12±4)Ma；砂岩类岩石中铀矿化是 1±0Ma	(107±16) Ma	成矿年龄（63±11）Ma	下段灰色、深灰色砂岩铀矿石（96±14Ma）；下段浅灰色砂岩铀矿石（67±5）Ma；上段灰白色细砂岩铀矿石（40±3）Ma	沥青铀矿同位素年龄测定为113Ma、61Ma、51Ma、38Ma

	北方产铀盆地				南方产铀盆地
	伊犁盆地（西部）	鄂尔多斯盆地（中部）	二连盆地（中东部）	松辽盆地（东部）	十万大山盆地
资料来源	王军堂等，2008；程明高和简晓飞，1995	王盟等，2013；肖新建等，2004；罗静兰等，2005；刘池洋等，2005；彭云彪等，2006	凡秀君等，2008；焦养泉等，2005	王璞珺等，1995；夏毓亮等，2003	本书

③控盆断裂由西向东依次为：西部伊犁盆地为两组断裂，中部鄂尔多斯盆地为包围盆地的四组断裂，中东部二连盆地为"五拗一隆"6个构造单元；东部松辽盆地为包围盆地的四组断裂。十万大山盆地北西为凭祥-崇门断裂带，南东为扶隆-董断裂带。

④岩浆岩由西向东依次为：中酸性火山岩、中基性火山岩和海西期花岗岩；中酸性安山岩和凝灰岩；印支期中酸性侵入岩；花岗岩、基性、中性火山岩。十万大山盆地多为印支期花岗岩（台马岩体、那洞岩体）。

⑤铀源由西向东依次为南部蚀源区富铀的花岗岩和火山岩类；北部蚀源区的中酸性火山岩；富铀基底隆起剥蚀区；东南部蚀源区富铀酸性侵入岩。十万大山盆地铀源主要为盆边的印支期花岗斑岩。

⑥沉积环境由西向东依次为：伊犁盆地河湖过渡的三角洲沉积环境；鄂尔多斯盆地河流沉积环境下的三角洲；二连盆地阿力乌苏组早期沉积为河流相或洪水平原沉积，中期阶段为炎热干燥气候条件下的内陆浅湖相沉积，湖盆较小，晚期为洪水平原沉积，赛汉组主要为河流相、沼泽相沉积，早期河流、沼泽、扇三角洲及滨浅湖，中期以河流、三角洲、半深湖—深湖；松辽盆地则为晚期河流沉积环境。十万大山盆地为河湖三角洲相，河道微相、边滩微相沉积环境。

⑦矿床类型由西向东依次为：层间氧化带型，复成因型，潜水—层间氧化带型和潜水氧化带型砂岩型铀矿。十万大山盆地屯林375矿床则是层间氧化带热液叠加改造型。

⑧赋矿地层由西向东依次为：伊犁盆地为下侏罗统水西沟群灰、灰绿、浅黄色中粗粒砂岩；鄂尔多斯盆地为直罗组灰绿色砂岩与灰色砂岩；二连盆地为赛汉组河流相、沼泽相沉积，下部为灰色粉砂岩、砂砾岩夹泥岩，中部为绿灰色泥岩夹深灰、灰黑色碳质泥岩和可采褐煤层，上部为灰绿、灰色砂岩夹灰绿、紫红、棕红色泥岩；松辽盆地为姚家组上岩性段下部灰色砂岩的中下部和下岩性段灰白色细砂岩的中上部。十万大山盆地赋矿地层为那荡组 $J_2 n^{3-3}$ 下部浅灰绿色中厚层中细粒长石石英砂岩。

⑨矿体形态、铀赋存形式和铀矿物由西向东依次为：西部（卷状，吸附形式、沥青铀矿和少量铀石）；中部（板状、吸附状铀和铀矿物形式、铀石和少量沥青铀矿）；中东部（吸附形式富集于黏土矿物、黄铁矿、有机质中，沥青铀矿、铀石）；东部（板状，铀矿物、吸附铀及含铀矿物形式、沥青铀矿和少量铀石）。十万大山盆地铀矿呈透镜状、板状，以沥青铀矿和铀石为主。

⑩有机矿产分布由西向东依次为：伊犁盆地以煤为主；鄂尔多斯盆地煤油气共生；二连盆地多以煤油气为主；松辽盆地以油气为主。十万大山盆地有煤层产出，局部地段也有油气显示。

⑪成矿时代由西向东依次为：512矿床含碳泥岩中铀矿化为（12±4）Ma，砂岩类岩

石中铀矿化为（1±0）Ma；东胜铀矿床为（107±16）Ma；乌兰察布拗陷铀矿化成矿年龄为（63±11）Ma；钱家店矿床下段灰色、深灰色砂岩铀矿石为（96±14）Ma，下段浅灰色砂岩铀矿石为（67±5）Ma，上段灰白色细砂岩铀矿石为（40±3）Ma。十万大山盆地成矿年龄根据沥青铀矿同位素年龄测定为 113Ma、61Ma、51Ma、38Ma。

总体而言，与北方产铀盆地比较，无论从构造条件、铀源条件、地层岩性条件、岩相古地理条件等方面，十万大山盆地都具有形成砂岩型铀矿的有利条件，砂岩型铀矿成矿潜力较大，是我国南方重要的产铀盆地，其地位不容忽视。当然，与北方砂岩型铀矿比较，其不利条件是由于构造运动影响，盆地在形成向斜构造的同时隆升成山，在隆升过程中，有利铀储层与富铀花岗岩体之间切割成沟，导致后期富铀花岗岩体中的铀难以进一步淋滤进入铀储层，使得铀的来源受到一定程度的影响。

8.3.2　十万大山盆地铀成矿潜力

十万大山盆地为处于印支期那洞、台马两花岗岩体西北缘的断陷盆地，形成过程中地壳运动尤其是断裂活动强烈，并有热液活动，沉积岩相多，厚度大，浅色层位分布广，物质来源丰富，具备铀富集的还原环境——古气候、还原剂和吸附剂等基本的地质成矿条件。目前已在新棠地区侏罗系那荡组勘查一小型矿床（屯林 375 矿床）。同时在新棠周边发现多个铀矿点、矿化点，往南西方向经调查于贵台、上思，西南的那荡、百包、三科屯一带也发现同层位矿化，说明该含矿层较稳定，分布广，总长度不少于 120km。

十万大山盆地铀矿化分布广，铀矿储层层位多，岩性多样，矿化类型也是多样。因此，结合十万大山盆地铀矿成矿条件、储层分布情况，认为铀成矿潜力还是较大。

十万大山盆地铀矿化信息丰富，到目前为止，已经发现铀矿床 1 处，近 20 处铀矿（化）点，异常（点、晕）30 处，表明十万大山盆地有较好的铀成矿条件和潜力。

根据区域地层岩性、岩相和古气候等，十万大山盆地铀矿化层位多。已经和可能的矿化地层有五个。

（1）板八组（T_3b）：分布于盆地西南边缘，为灰绿色流纹斑岩、凝灰熔岩、熔岩、珍珠岩以及浅色砂泥岩，花岗质砂砾岩等，厚度大于 600m，长 60km，面积为 82km^2。岩性复杂，浅色层多，伽马强度一般达 25～45γ，在扶隆北侧见一层宽约 15m 深灰色砂岩伽马强度达 35～50γ。

（2）平垌组下段（T_3p^1）：紧靠盆地南缘那洞-台马岩体分布，为浅色砾岩夹砂泥岩、黑色页岩，总厚 162～347m，浅色砂泥岩厚 134.2～325.9m，占 38.9%～71.3%，已发现异常点 35 个、异常带一条，伽马强度为 70～138γ，与细砂岩、粉砂岩有关。长 110km，宽 0.68km，面积为 75km^2。下部灰黑色含碳质页（泥）岩，伽马强度一般为 40γ 左右，局部达 50～64γ。

（3）中侏罗统那荡组（J_2n）：在盆地内广泛分布，沿走向出露长 200km，厚 741～2862m，面积为 1785km^2，为湖泊相、河流相沉积的细碎屑岩，岩性稳定，由东往西变厚，浅色砂泥岩 244.8～460.7m，占 30.1%～41.2%，有两个层位。

①那荡组中下段（J_2n^{1-2}）：厚 117～740m，由浅灰色斑状砂岩，细砂岩夹紫红色泥岩组成，面积约为 400km^2，有异常点产出。

②那荡组上段（J_2n^3）：是已知主要铀矿化地层，沿走向长 200km，分布于盆地两翼，出露面积（包括东部一部分 J_2n^{1-2} 地层）共 989km^2，岩性为灰色、灰黄色斑状细砂岩（图 8-3）、泥岩与紫红色泥岩、粉砂岩、砂岩互层，含有机碳、煤线。该层经普查揭露，在新棠地区的屯林—那弼坡一带浅色层沿走向近 12km，往两端还有延伸。其中，往西于钦州市贵台北约 1km，有异常及偏高带断续反映长 700m（因浮土、稻田隔断），有一段连续反映长 25m，宽 6m，地表伽马强度为 30～80γ，挖 40cm 伽马强度可达 240γ；另在上思县西南部凤凰岭一带于三科屯、百包、那荡三处也发现有同层位异常，地表宽 0.25～10m，伽马强度 50～100γ。该含矿层在盆地内分布广且稳定，远景较大。

（3）上侏罗统崇力组（J_3d）：主要为灰色斑状含砾砂岩，底部局部具灰岩质砾岩，面积为 376km^2，在其底部灰质砂砾岩中发现异常，在其下部也找到了一层厚约 5～10m 的伽马偏高地层，该层一般伽马强度达 25～30γ，局部达 45γ。由于是河湖相沉积产物，下部岩性复杂，往往变化较大。

（4）白垩系新隆组第三段（K_1x^3）：分布于盆地东部，岩性为紫红色粉砂岩夹浅色含铜粉砂岩，厚 490～1359m，其中浅色砂岩厚 177～576m，在盆地东部恋城附近发现异常一处，产于上部，伽马强度一般为 100～300γ。

（5）新近系：主要分布于盆地西部宁明、上思盆地内，是在还原条件下生成的浅色砂泥岩夹磷矿层、菱铁矿、锰矿、煤线等沉积物，虽然未发现异常，但从岩性上看，对铀矿化是有利的。

此外下侏罗统，虽然以紫红色岩性为主，但局部地段仍夹有浅色细砂岩，含煤线或煤层（汪门煤矿），并找到不少伽马异常，也是对矿化有利的层位。

综上所述，十万大山盆地内已知矿化层位多，铀源条件良好，岩石岩性组合优越，沉积相适中，构造要素良好，可能的矿化层位面积大，分布广，成矿潜力大。其中侏罗系，特别是中侏罗统上段已有工业矿化，是今后工作的重点。此外，盆地南部的含煤层系也是进行煤铀兼探的良好区域。

8.4　十万大山盆地东南缘铀找矿远景区

铀矿化信息是证明在一定地质环境中放射性元素含量增高的标志，作为可能有铀工业富集的直接指示。通常情况下，这些信息包括：矿化露头、基岩的铀矿化现象、放射性元素以及与铀矿化伴生的元素组合的分散晕、分散流异常，分布在岩石、疏松层、天然水、土壤、植物覆盖层中的放射性测量异常等。后生蚀变主要对层间氧化带、潜水氧化带等发育后生蚀变砂岩型铀矿的形成具有明显的控制作用。其中，氧化带的规模直接决定了矿床或矿化发育的规模。后生蚀变强、氧化蚀变带发育完善、蚀变分带明显、蚀变规模大并具有区域分布特征的地区，砂体内水岩反应进行比较彻底，铀的富集作用显著，砂岩型铀矿的成矿远景较好。十万大山盆地后生蚀变主要是褐色蚀变、黏土化、碳酸盐化等，氧化蚀变带较为发育。

综合十万大山盆地地质、地球化学以及地球物理等方面的资料，本书将十万大山盆地东南缘分为三个成矿远景区：新棠热液叠加改造型铀矿成矿远景区、凤凰山层间氧化带型铀成矿远景区、那拨-贵台层间氧化带改造型铀矿成矿远景区（图 8-6）。

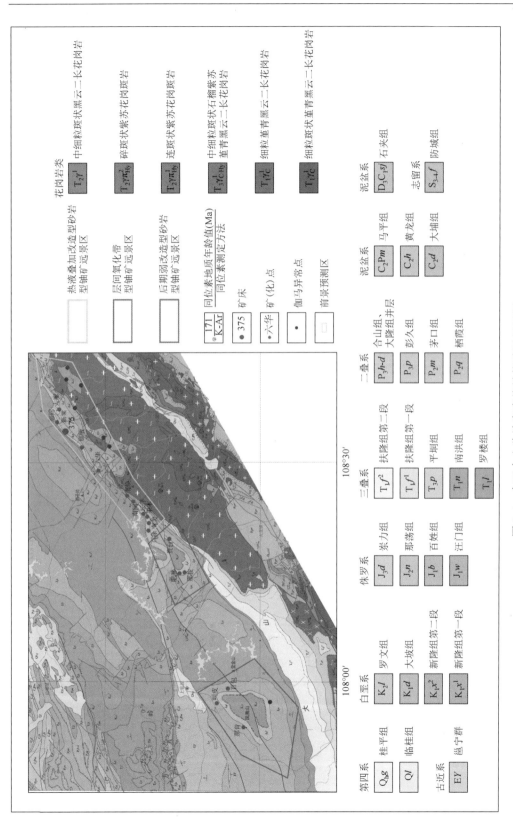

图 8-6　十万大山盆地东南缘铀找矿远景区图

（1）新棠热液叠加改造型铀找矿远景区。新棠地区侏罗系地层发育齐全，距离台马岩体较近，更为重要的是，该区构造十分发育，局部甚至导致地层倒转，断裂发育。断裂发育一方面可能破坏铀矿，但另一方面可能将深部流体带到近地表，在深部流体上升过程中，经过水岩反应，将地层中的铀浸取进入流体中，在适当的地层及氧化还原条件下富集成矿，或者导致原有矿床进一步富集。该远景区范围较广，南到南美，北到大廖以东，是热液叠加改造型铀矿找矿远景区。

（2）凤凰山层间氧化带型铀矿找矿远景区。凤凰山一带地层稳定，构造简单，为一向斜构造，断裂不发育，是层间氧化带型铀矿化的找矿远景区。该地区找矿不利因素是距离岩体较远，在该地抬升成山后，岩体对含矿地层的影响非常小。

（3）那拔-贵台层间氧化带改造型铀矿找矿远景区。该区处于上述两个区域之间，铀矿点较多，大都围绕贵台向斜分布，与凤凰山地区较为接近。但该区距离台马岩体较近，周缘有一定的断裂构造，特别是北西向构造的存在，为该区后期改造提供了条件。但由于该区构造较新棠要弱，因此本书定义为层间氧化带弱改造型铀矿找矿远景区。

第9章 结论及建议

9.1 结　　论

本书以十万大山盆地为研究对象，重点研究盆地东南缘含铀地层——侏罗系地层，并对典型矿床屯林375矿床进行了深入研究，选取中部（凤凰山）和东部（新棠）两条典型剖面，即凤凰山-百姓和百济-新棠-南忠剖面，通过野外实测剖面，实地调查及室内数据分析处理，通过岩石学、沉积学及层序地层学的研究，进行了对比研究。通过典型钻孔岩心观察研究，对屯林375矿床进行了深入解剖，研究了其沉积环境及铀储层特征、地球化学特征，提出了控矿因素，分析了矿床成因。在此基础上，分析了十万大山盆地铀成矿潜力，为今后该区铀矿找矿提供了参考。本书取得的主要成果如下。

（1）研究了十万大山盆地的结构特征，对比了盆地东部与中部铀储层的地质地球化学特征。

①在分析研究十万大山盆地所处的区域地质背景基础上，分析了盆地结构特征，提出了十万大山盆地具有"双基底、双盖层"结构。十万大山盆地经过多个时期的盆山转换，是海西晚期—印支燕山期由于扬子地块和云开地块之间的钦州残余海槽关闭形成造山带而形成的前陆盆地，盆地具有"双基底、双盖层"结构。"双基底"是指盆地具有两个基底，一个是前泥盆系弱变质基底，一个是泥盆系—中三叠统正常基底。"双盖层"结构，即通常所谓的"大盆套小盆"结构。"大盆"为上三叠统至上侏罗统崇力组地层所构成的盖层，"小盆"是指白垩系及以上的地层。

②十万大山盆地中部凤凰山剖面和东部新棠剖面地层岩性基本一致，红层厚度占总厚的65%～72%，为一套以红色层为主的陆相砂泥岩建造，应属红盆范畴。在早侏罗世，以湖相为主，有滨湖相、浅水湖相和沼湖相；中、晚侏罗世以滨湖三角洲相为主，水流总方向从东南至西北。

③从凤凰山剖面和新棠剖面微量元素蛛网图可以看出，各样品中元素的分布特征基本一致，这说明了两地的沉积环境基本一致，主要在氧化环境下沉积，局部为还原环境，物源基本一致，与该地区的花岗岩基底有一定的关系。两地的微量元素的含量及组成基本一致，个别样品出现差别，可能与当时的沉积环境有关系，导致了沉积时含量产生差异。

（2）分析研究了十万大山盆地沉积相特征。

通过岩性标志、沉积构造标志、生物标志、剖面结构特征等，研究了盆地侏罗系地层沉积相、沉积亚相，分析了沉积演化过程，明确了铀成矿与沉积相的关系。研究认为，十万大山盆地侏罗系地层主要沉积了一套巨厚的曲流河相及湖相沉积，其中曲流河相沉积可识别出河道沉积、天然堤沉积、洪泛平原及边滩沉积四种微相，湖相沉积可划分为滨湖沉积和浅湖沉积两种亚相。湖盆经历了早侏罗世的水体扩大，到中侏罗世时湖盆水体面积达到最大，后又逐渐萎缩的演化过程。沉积相对铀成矿作用有重要的影响及控制作用，铀矿化赋存于河道微相和边滩微相。

（3）深入研究了十万大山盆地铀储层地质特征。通过岩石学详细系统研究，分析了储层空隙特征及物性特征。

①对研究区侏罗系地层 120 多个点的资料统计表明，这些岩石中的主要碎屑组分由石英、长石和岩屑组成，局部含有少量云母和生物碎屑。岩石类型主要为石英砂岩、岩屑石英砂岩、长石石英砂岩和岩屑质长石石英砂岩等。岩石类型比较多，表明盆地物质来源复杂。

②填隙物特征。研究区砂岩中分布较广的胶结物主要为碳酸盐岩、硅质、自生黏土及铁质等。研究认为，适量的杂基含量对铀矿的富集是有利的，这些泥质杂基一方面起到降低岩石渗透性，使流体流动速率减缓的作用，另一方面使岩石的吸附性有所增强，使铀矿更容易在其中富集。

③根据铸体薄片和扫描电镜分析，十万大山盆地侏罗系储层泥质胶结和碳酸盐岩胶结严重，现存有效孔隙不多，可划分为粒间孔、粒内孔、铸模孔、特大孔、裂隙和微孔隙。据薄片分析，原生粒间孔是盆地中浅层储层中最重要的孔隙类型，粒内孔、铸模孔及特大孔在研究区也有较好的发育，裂缝孔隙较少。

④侏罗系砂岩具有在靠近泥岩或含有沥青的河道及边滩沉积物中成矿的特点。侏罗系砂岩因强烈的方解石胶结作用，使得地层整体孔渗条件差，不利于后期铀元素的进一步富集。

（4）揭示了十万大山盆地盆山耦合与铀成矿作用的关系。

深入研究了十万大山盆地盆山耦合与铀成矿的关系。研究认为，十万大山盆地铀矿的形成过程与区域构造发展演化和盆山耦合关系密切。

印支期是十万大山盆地砂岩型铀矿成矿最早的物质来源的形成时期，中酸性岩浆岩的形成对后期铀的来源具有不可替代的作用。

燕山期构造运动导致盆地边缘抬升，盆地接受沉积形成富含铀的砂体及砂泥岩互层建造。燕山晚期北西-南东向的挤压作用导致盆地中生代地层褶皱，形成向斜构造，在此过程中，形成了最早的铀矿化。

喜马拉雅期，随着新构造运动的加剧，构造性质发生了转化，一系列断裂的发育沟通了深部流体，导致深部流体上移形成热液叠加砂岩型铀矿。

（5）研究了典型矿床屯林 375 矿床的控矿因素及形成机理。

①矿床矿化受一定的层位控制。目前发现的工业铀矿化主要赋存于中侏罗统那荡组上段（J_2n^{3-3}）的浅色砂岩中；矿化与沉积韵律有明显的关系：绝大多数矿化产生于中下部灰绿色-灰黑色的砂岩中，显示出铀矿化是一定构造和沉积作用的产物；矿体形态为似层状、透镜体状，厚度较小，其产状与地层产状基本一致。

②铀矿受沉积环境及古气候因素控制。通过综合分析，屯林 375 矿床形成于滨湖三角洲前缘相支流口砂坝亚相、河道微相和边滩微相内，矿化受一定的相带所控制。

同时表明当时的沉积区应距剥蚀区不太远,气候潮湿,雨量大,地壳运动强烈,地形相差悬殊,搬运沉积速度快,而且沉积后迅速埋藏,气候即转向干热在蒸发量不断增大的条件下成岩。

③屯林 375 矿床受构造因素控制。铀矿化在空间上与沉积冲刷构造以及褶皱、断裂构造密切相关。目前本区发现的工业矿化大都产于浅色砂岩(即主矿砂岩)冲刷构造面附近或冲刷构造中,且屯林 375 矿床靠近区域性的南局断裂,其工业矿体则赋存于矿床内 S 褶皱上段近核(轴)部及其上、下翼部位。这反映了矿体形成和保存受构造影响巨大。

④区域地质构造演化对铀矿形成有一定的控制作用。研究发现,屯林 375 矿床沥青铀矿同位素年龄分别对应于燕山期、喜马拉雅期相应构造运动,矿床的形成与区域构造背景有密切的关系。

⑤屯林 375 矿床铀矿化时代与围岩时代相差较大,含矿浅色砂岩为中侏罗世的地层,其时间为 162Ma,沥青铀矿测年时代为 113Ma、61Ma、51Ma、38Ma。铀矿形成于中低温条件,多为 100℃左右,个别达 217℃。

⑥成矿物质主要来源于东南部的花岗岩体。台马岩体与含矿浅色砂岩层的岩屑的种类和微量元素组成含量一致,侏罗纪时物质来源方向为南东方向,因此认为含矿浅色层的铀主要来自台马岩体花岗岩。

⑦对钻孔中方解石脉进行的碳氧同位素研究,综合研究认为成矿流体主要来源于大气降水,有少量的深部流体参与。

⑧广西屯林 375 矿床是成岩成矿基础上,后生热液叠加成矿的砂岩型铀矿床。在盆地形成过程中,由于盆地周缘山地出露的富含铀的岩石(如花岗岩)风化搬运沉积,形成含铀砂体。盆地回返后,含铀层(铀储层)或矿床及矿化层通过含氧含铀地下水作用,或构造热液活动从富铀基底汲取铀,在富含腐殖有机质、碳质、黄铁矿和黏土等还原剂、吸附剂的氧化-还原过渡带形成热液改造叠加型复成因砂岩型铀矿床。

(6)揭示了十万大山盆地铀成矿作用、成矿规律,建立了铀成矿模式。

作为砂岩型铀矿产出盆地,十万大山盆地铀成矿条件既有共性,又有个性。本书从构造条件、地层岩性条件、岩相古地理条件、成矿物质来源、成矿流体来源、古气候条件、水文地质条件对十万大山盆地铀成矿条件进行了分析,总结了铀成矿规律。

分析了十万大山盆地的铀成矿类型及成矿作用,建立了铀成矿模式。根据盆地铀矿化特征,认为十万大山盆地铀矿分为三种类型:热液叠加改造型、层间氧化带型、层间氧化带改造型。从十万大山盆地中铀矿化形成的多龄性看,工业铀矿化是在漫长的地质历史时期,经历了沉积、成岩和后生改造作用,在多种地质作用的长期影响下形成,铀的富集是在一个复杂过程中经历多次矿化的结果。屯林 375 矿床为成岩作用预富集、后生作用成矿、晚期热液叠加改造复成因砂岩型铀矿床。

根据上述成矿作用及成矿过程,建立了十万大山盆地铀矿成矿模式。

(7)分析了铀成矿潜力,并划分出了成矿远景区。

本书根据十万大山盆地铀矿床(点)、异常分布规律以及储层特征,结合典型矿床研究,在综合分析十万大山盆地与北方产铀盆地的基础上,详细分析了十万大山盆地铀成矿潜力。

作为南方典型的中生代产铀盆地，本书将十万大山盆地与北方伊犁盆地、鄂尔多斯盆地、二连盆地和松辽盆地进行了全面对比，发现了十万大山盆地在很多方面与北方产铀盆地相似，但也有自己独特的特点。研究认为，十万大山盆地有形成层间氧化带型铀矿和热液叠加改造型铀矿的潜力。十万大山盆地铀矿化分布较为广泛，是我国重要的产铀盆地。研究认为，十万大山盆地构造复杂程度不同，铀成矿模式有明显差异。

本书分析了十万大山盆地铀成矿要素，并对铀源要素、构造要素、古气候要素、含矿建造及岩性要素、沉积相要素、后生蚀变要素、水文地质要素、铀矿化层位及矿化信息等每一个要素进行了详细的评价，认为十万大山盆地具有重要的成矿潜力。

根据成矿潜力和铀矿类型及成矿作用划分了三个成矿远景区：新棠热液叠加改造型铀矿找矿远景区、凤凰山层间氧化带型铀矿找矿远景区、那拔-贵台层间氧化带弱改造型铀矿找矿远景区。

9.2　存在的问题及建议

1. 存在的问题

（1）由于研究区覆盖较厚，断裂构造不易识别，因此，对于构造部分研究不够深入。

（2）本书研究过程中，屯林375矿床地表矿化露头较少，仅在ZK9901孔取得了两个矿石样品，因此对于矿石的研究代表性不够。只能通过大量收集前人资料，对矿床进行综合研究。

（3）在实施过程中，收集了一些煤矿方面的资料。但由于煤主要产在盆地南部，层位位于汪门组及扶隆组之中，赋铀层位那荡组有机质含量总体较低，因此，对煤铀关系探讨深度不够。

2. 建议

（1）建议在新棠地区进一步加强构造研究，扩大探明铀矿资源量。

（2）在凤凰山地区进行层间氧化带型铀矿的普查工作，由于凤凰山是一个向斜山，最有利的铀矿化部位应该在接近核部的位置。重点勘查向斜核部那荡组和岽力组砂体。

（3）建议在十万大山盆地南部部署煤铀兼探工作，重点关注扶隆组和汪门组。

参 考 文 献

蔡煜琦，张金带，李子颖，等，2015. 中国铀矿资源特征及成矿规律概要[J].地质学报，89（06）：1051-1069.

陈戴生，李胜祥，蔡煜琦，2006. 我国中—新生代盆地砂岩型铀矿沉积环境研究概述[J]. 沉积学报，
　　24（2）：223-228.

陈戴生，王瑞英，李胜祥，1997. 伊犁盆地层间氧化带砂岩型铀矿成矿模式[J]. 铀矿地质，13（6）：327-335.

陈戴生，王瑞英，李胜祥，等，1996. 伊犁盆地砂岩型铀矿成矿机制及成矿模式[J]. 华东地质学院学报，
　　19（4）：321-331.

陈欢庆，2006. 靖安油田大路沟一区长2储层精细油藏描述[D]. 西安：西北大学.

陈焕疆，郑俊章，1993. 广西十万大山盆地东缘逆冲推覆构造[C]//云开大山及邻区地质构造论文集. 北京：
　　地质出版社.

陈祖伊，2002. 亚洲砂岩型铀矿区域分布规律和中国砂岩型铀矿找矿对策[J]. 铀矿地质，03：129-137.

陈祖伊，陈戴生，古抗衡，等，2010.中国砂岩型铀矿容矿层位、矿化类型和矿化年龄的区域分布规律[J].
　　铀矿地质，26（06）：321-330.

程利伟，2012. 大营铀矿——"煤铀兼探"的实践与启示. 中国核工业（增刊）：1-105.

程明高，简晓飞，1995.512可地浸砂岩型铀矿床地质特征和远景评价[J]. 铀矿地质，11（1）：11-18.

邓希光，陈志刚，李献华，等，2004. 桂东南地区大容山-十万大山花岗岩带SHRIMP锆石U-Pb定年[J].
　　地质论评，50（4）：426-431.

凡秀君，聂逢君，陈益平，等，2008. 二连盆地巴彦乌拉地区砂岩型铀矿含矿地层时代与古地理环境探
　　讨[J]. 铀矿地质，24（3）：150-154.

方清浩，冯君储，何令仪，1987. 广西大容山S-型花岗岩套[J]. 岩石学报，（3）：23-33.

广西壮族自治区地质矿产勘查开发局，2006. 广西壮族自治区1：50万地质图说明书，2006.

郭彤楼，2004. 十万大山盆地中新生代构造-热演化历史[D]. 上海：同济大学海洋与地球科学学院.

贺训云，钟宁宁，陈建平，等，2009. 十万大山盆地古油藏沥青地球化学特征及来源[J]. 石油实验地质，
　　31（04）：394-398.

黄净白，李胜祥，2007. 试论我国古层间氧化带砂岩型铀矿床成矿特点、成矿模式及找矿前景[J]. 铀矿
　　地质，1：7-16.

焦养泉，陈安平，杨琴，等，2005. 砂体非均质性是铀成矿的关键因素之一——鄂尔多斯盆地东北部铀
　　成矿规律探讨[J]. 铀矿地质，21（1）：8-15.

焦养泉，吴立群，杨琴，2007. 铀储层——砂岩型铀矿地质学的新概念[J]. 地质科技情报，26（4）：1-7.

焦养泉，吴立群，杨生科，等，2006. 铀储层沉积学——砂岩型铀矿勘查与开发的基础[M]. 北京：地质
　　出版社.

金景福，黄广荣，1992. 铀矿床学[M]. 北京：原子能出版社.

金若时，黄澎涛，苗培森，等，2014. 准噶尔盆地东缘侏罗系砂岩型铀矿成矿条件与找矿方向[J]. 地质
　　通报，33（Z1）：359-369.

李保侠，李占双，2003. 十红滩铀矿床首采段矿床地质、地球化学特征[J]. 铀矿地质，4：193-202.

李国蓉，曾允孚，周心怀，等，2004. 十万大山地区下-中泥盆统白云岩成岩层序地层学研究[J]. 成都理
　　工大学学报（自然科学版），（6）.

李巨初，陈友良，张成江，2011. 铀矿地质与勘查简明教程[M]. 北京：地质出版社.

李树新, 毕先才, 叶武, 等, 2014. 对屯林矿床的再认识[J]. 矿床地质, 33 (S1): 1079-1080.

李载沃, 2000. 十万大山前陆盆地的构造特征和油气远景分析 [J]. 广西油气, 3 (3): 1-7.

黎彤, 1994. 中国陆壳及其沉积层和上陆壳的化学元素丰度[J]. 地球化学, 23 (02): 140-145.

梁新权, 李献华, 丘元禧, 等, 2005. 华南印支期碰撞造山——十万大山盆地构造和沉积学证据[J]. 大地构造与成矿学, 29 (1): 99-112.

林承焰, 张宪国, 2006. 地震沉积学探讨[J]. 地球科学进展, 21: 1140-1144.

林治家, 陈多福, 刘芊, 2008. 海相沉积氧化还原环境的地球化学识别指标[J]. 矿物岩石地球化学通报, (01): 72-80.

刘池洋, 赵红格, 王锋, 等, 2005. 鄂尔多斯盆地西缘（部）中生代构造属性[J]. 地质学报, (06): 737-747.

刘武生, 贾立城, 刘红旭, 2012. 全国砂岩型铀矿资源潜力评价[J]. 铀矿地质, 28 (6): 349-354.

刘新建, 李国军, 马明亮, 等, 2014. 十万大山盆地西部凹陷区层间氧化带型铀矿研究[J]. 矿床地质, 33 (S1): 1023-1024.

柳益群, 冯乔, 杨仁超, 等, 2006. 鄂尔多斯盆地东胜地区砂岩型铀矿成因探讨[J]. 地质学报, (05): 761-767, 787-788.

陆松年, 李怀坤, 陈志宏, 等, 2004. 新元古时期中国古大陆与罗迪尼亚超大陆的关系. 地学前缘, 11 (2): 518.

罗静兰, 刘小洪, 张复新, 等, 2005. 鄂尔多斯盆地东胜地区和吐哈盆地十红滩地区含铀砂岩岩石学及成岩作用[J]. 石油学报, (04): 39-45, 49.

罗寿文, 2006. 广西铀成矿规律及找矿潜力分析[J]. 铀矿地质, 26 (6): 337-343.

马力, 陈焕僵, 甘克文, 等, 2004. 中国南方大地构造和海相油气地质（上）[M]. 北京: 地质出版社: 180-251.

聂逢君, 李满根, 邓居智, 等, 2015. 内蒙古二连裂谷盆地"同盆多类型"铀矿床组合与找矿方向[J]. 矿床地质, 34 (04): 711-729.

彭少梅, 符力奋, 周国强, 等, 1995. 云开地块构造演化及片麻状花岗质岩石的剪切深熔成因[M]. 武汉: 中国地质大学出版社: 5-9.

彭松柏, 2006. 大容山—十万大山花岗岩带中超高温麻粒岩包体的发现及其地质意义[A]. 2006年全国岩石学与地球动力学研讨会论文摘要集[C]. 中国地质学会, 2: 415-416.

彭松柏, 付建明, 刘云华, 2004. 大容山—十万大山花岗岩带中A型紫苏花岗岩—麻粒岩包体的发现及意义[J]. 科学技术与工程, (10): 832-834.

彭松柏, 金振民, 付建明, 等, 2006. 大容山—十万大山花岗岩带中超高温麻粒岩包体的发现及其地质意义[C]. 2006年全国岩石学与地球动力学研讨会论文摘要集, 415-416.

彭云彪, 陈安平, 李子颖, 等, 2006. 东胜砂岩型铀矿床特殊性讨论[J]. 矿床地质, 25 (增刊): 249-252.

丘元禧, 夏亮辉, 1994. 中国东部及邻区中新生代大陆边缘性质讨论[J]. 中国区域地质, (03): 258-267.

丘元禧, 梁新权, 2006. 两广云开大山—十万大山地区盆山耦合演化——兼论华南若干区域构造问题[J]. 地质通报, 25 (3): 340-347

裘怿楠, 1990. 储层沉积学研究工作流程[J]. 石油勘探与开发, 1: 86-90

权志高, 徐高中, 2012. 中国北西部地区砂岩型铀矿含矿建造及找矿前景[J]. 地质学报, 2: 307-315.

宋继叶, 2014. 准噶尔盆地基底特征与砂岩型铀矿成矿作用[D]. 北京: 核工业北京地质研究院.

孙连浦, 马永生, 郭彤楼, 等, 2005. 十万大山盆地中生代沉积充填特征及其演化[J]. 世界地质, 1: 30-35.

谭晨曦, 2010. 大牛地气田上古生界沉积相及储层研究[D]. 西安: 西北大学.

田军, 2005. 塔里木盆地库车拗陷白垩系—第三系沉积相及储层分布预测研究[D]. 成都: 西南石油大学.

王保群, 2000. 吐哈盆地层间氧化带砂岩型铀矿成矿条件分析及远景预测[J]. 铀矿地质, 6: 321-326.

王飞飞, 刘池洋, 邱欣卫, 等, 2017. 世界砂岩型铀矿探明资源的分布及特征[J]. 地质学报, 91 (09):

2021-2046.

王果, 华仁民, 秦立峰, 2000. 中、新生代陆相沉积盆地砂岩型铀矿床流体作用研究[J]. 高校地质学报, 6（3）：437-443

王军堂, 王成渭, 冯世荣, 2008. 伊犁盆地盆山构造演化及流体演化与砂岩型铀矿成矿的关系[J]. 铀矿地质, 1：38-42.

王盟, 罗静兰, 李杪, 2013. 鄂尔多斯盆地东胜地区砂岩型铀矿源区及其构造背景分析——来自碎屑锆石 U-Pb 年龄及 Hf 同位素的证据[J]. 岩石学报, 29（08）：2746-2758.

王璞珺, 杜小弟, 王俊, 等, 1995. 松辽盆地白垩系年代地层研究及地层时代划分[J]. 地质学报, 69（4）：372-380.

王庆权, 王联魁, 1990. 广西大容山花岗岩带中过铝质花岗岩体的定位条件[J]. 岩石学报, 2：72-78.

王英民, 邓林, 贺小苏, 等, 1998. 海相残余盆地成藏动力学过程模拟理论与方法——以广西十万大山盆地为例[M]. 北京：地质出版社.

吴柏林, 2005. 中国西北地区中新生代盆地砂岩型铀矿地质与成矿作用[D]. 西安：西北大学.

吴继远, 1983. 广西中新生代陆相盆地地质特征与构造演化[J]. 中国区域地质, 6：111-122

夏毓亮, 林锦荣, 李子颖, 等, 2003. 松辽盆地钱家店凹陷砂岩型铀矿预测评价和铀成矿规律研究[J]. 中国核科技报告, 3：106-117.

肖新建, 李子颖, 方锡珩, 等, 2004. 东胜砂岩型铀矿床低温热液流体的证据及意义[J]. 矿物岩石地球化学通报, 23（4）：301-304.

徐汉林, 杨以宁, 沈扬, 等, 2001. 广西十万大山盆地构造特征新认识[J]. 地质科学, 30（4）：1-10.

徐争启, 王勇, 程发贵, 等, 2015. 广西十万大山盆地特征及铀成矿条件分析[J]. 矿物学报, 35（S1）：356.

徐志刚, 陈毓川, 王登红, 等, 2008. 中国成矿区带划分方案[M]. 北京：地质出版社.

杨殿忠, 夏斌, 吴国干, 2003. 吐哈盆地西南部砂岩铀矿层间氧化带发育特征[J]. 中国科学（D 辑：地球科学），7：658-664.

杨克文, 2009. 安塞油田三叠系延长组长 4＋5 层沉积相与储层特征研究[D]. 西安：西北大学.

杨帅, 陈洪德, 侯明才, 等, 2014. 基于地震沉积学方法的沉积相研究——以涠西南凹陷涠洲组三段为例[J]. 沉积学报, 32：568-575.

叶伯舟, 1989. 两广云开地区同位素地质年龄数据及其地质意义[J]. 广东地质, 4（3）：39-55.

尹福光, 许效松, 万方, 2002. 广西十万大山盆地演化过程及油气资源响应[J]. 沉积与特提斯地质, 22（3）：31-35.

尹寿鹏, 王贵文, 1999. 测井沉积学研究综述[J]. 地球科学进展, 14：440-445.

尤绮妹, 俞广, 何忠泉, 1998, 等. 十万大山地区构造演化和含油气评价[J]. 海相油气地质, 3：11-21.

于兴河, 李胜利, 2009. 碎屑岩系油气储层沉积学的发展历程与热点问题思考[J]. 沉积学报, 27：880-895.

余继峰, 付文钊, 袁学旭, 等, 2010. 测井沉积学研究进展[J]. 山东科技大学学报（自然科学版）, 29（6）：1-8.

张伯友, 张海洋, 赵振华, 等, 2003. 两广交界处岑溪二叠纪岛弧型玄武岩及其古特提斯性质的讨论田[J]. 南京大学学报, 30（1）：46-52.

张春明, 2012. 山东惠民凹陷临南地区古近系沙三下亚段沉积相与储集性能研究[D]. 北京：中国地质大学（北京）.

张金带, 2014. 加快大型特大型铀矿床开发 提高我国天然铀产能[J]. 铀矿冶, 33（01）：1-3.

张金带, 徐高中, 林锦荣, 等, 2010. 中国北方 6 种新的砂岩型铀矿对铀资源潜力的提示[J]. 中国地质, 5：1434-1449.

张岳桥, 1999. 广西十万大山前陆盆地冲断推覆构造[J]. 现代地质, 13（2）：150-155.

郑俊章，陈焕疆，1995. 十万大山盆地演化的动力学[J]. 地学前缘，2（3）：245-247.

郑永飞，2001. 稳定同位素体系理论模型及其矿床地球化学应用[J]. 矿床地质，20（1）：57-70.

中南309队第五分队科研队，1976. 十万大山盆地地质与铀矿化概况研究报告[R].

周祖翼，郭彤楼，许长海，等，2005. 广西十万大山盆地中生代地层的裂变径迹研究及其地质意义[J]. 地质学报，79（3）：395-401.

朱静，2013. 鄂尔多斯盆地三叠系延长组下部沉积体系与储层特征研究[D]. 西安：西北大学.

朱强，焦养泉，吴立群，等，2015. 松辽盆地钱家店地区姚家组铀储层岩石学特征及成岩作用[J]. 中国科技论文，15：1802-1808.

曾春林，姜波，尹成明，等，2009. 柴达木盆地北缘微量元素含量及油气地质意义[J]. 新疆石油地质，30（05）：566-568.

曾辉，1984. 广西十万大山盆地早三叠世深水碳酸盐岩的沉积作用及油气潜力[J]. 石油实验地质，6（2）：95-100.

Allen J R L，1964. Studies in fluviatile sedimentology：six systems from the Lower Old Red Sandstone，Anglo-WelshBasin[J]. Sedimentology，3：163-198.

Anderson R F，Fleisher M Q，LeHuary A P，1989. Concentration，oxidation state，and particulate flux of uranium in Black Sea[J]. Geochimical et Cosmochimica Acta，53：2215-2224.

Barnes H L，1987. Geochemistry of Hydrothermal Ore Deposits[M]. New York：John Wiley & Sons：972.

Dahlkamp F J，1993. Uranium Ore Deposits[M]. Berlin：Springer-Vedag.

Franz J，Dahlkamp D U，1993. Ranium Ore Deposit[M]. Berlin：Springer-Verlag.

Friedman G M，Chakraborty C，1997. Stable isotopes in marine carbonates：Their implications for the paleoenvironment with special reference to the Proterozoic Vindhyan carbonates（Central India）[J]. Journal of the Geological Society of India，50（2）：131-159.

Jones B，Manning D A C，1994. Comparison of geochemical indices used for the interpretation of palaeoredox conditions in ancient mudstones[J]. Chemical Geology，111（1-4）：111-129.

Posamentier H W，2009. Seismicstratigrphy into the next millennium：a focus on 3D seismic data[J]. A APG Annual Convention Program，9：118.

Bowie S H U，Plant J，1979. Plant. Introductory remarks on geochemistry in discovering ore deposits with particular reference to Uranium[J]. Physics and Chemistry of the Earth，11：647-665.

Rye R O，Ohmoto H，1974. Sulfur and Carbon Isotopes and Ore Genesis' A Review[J]. Economic Geology，Vol. 69，pp. 826-842.

Sun S S and McDonough W F, 1989. Chemical and isotopic systematics of oceanic basalts: Implications for mantle composition and processes. In: Saunders AD and Norry MJ (eds.). Magmatism in the Ocean Basins[M]. Geological Society, London, Special Publications, 42(1): 313-345.Zeng H L，Henry S C，Riola J P，1998. Stratalslicing，part II：Real3-D seismic data[J]. Geophysics，63：514-522.

Zheng Y F，Hoefs J，1990. Carbon-oxygen isotopic covariation in hydrothermal calcite during degassing of CO_2：a quantitative evaluation and application to the Kushikino gold mining area in Japan[J]. Mineralium Deposita，25：246-250.

Zheng Y F. 1993. Carbon-oxygen isotopic covariation in hydrothermal calcite：Theoretical modeling on mixing processes and application to Pb-Zn deposits in the Harz Mountain，Germany[J]. Mineralium Deposita，28：79-99.